U0184789

季富政

- 著 -

巴蜀乡土建筑文化

巴蜀
乡土建筑

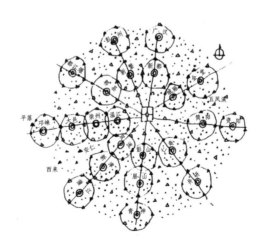

天地出版社
TIANDI PRESS

图书在版编目（CIP）数据

巴蜀乡土建筑 / 季富政著 . — 成都 : 天地出版社，
2023.12
（巴蜀乡土建筑文化）
ISBN 978-7-5455-7944-4

I.①巴… II.①季… III.①乡村－建筑文化－研究－
四川 IV.① TU-862

中国国家版本馆 CIP 数据核字（2023）第 169582 号

BASHU XIANGTU JIANZHU

巴蜀乡土建筑

出 品 人	杨　政
著　　者	季富政
责任编辑	陈文龙
责任校对	曾孝莉
装帧设计	今亮後聲 HOPESOUND 2580590616@qq.com
责任印制	王学锋

出版发行　天地出版社
　　　　　（成都市锦江区三色路 238 号 邮政编码：610023）
　　　　　（北京市方庄芳群园 3 区 3 号 邮政编码：100078）
网　　址　http://www.tiandiph.com
电子邮箱　tianditg@163.com

经　　销	新华文轩出版传媒股份有限公司
印　　刷	北京文昌阁彩色印刷有限责任公司
版　　次	2023 年 12 月第 1 版
印　　次	2023 年 12 月第 1 次印刷
开　　本	787mm×1092mm　1/16
印　　张	16
字　　数	277 千
定　　价	68.00 元
书　　号	ISBN 978-7-5455-7944-4

版权所有◆违者必究
咨询电话：（028）86361282（总编室）
购书热线：（010）67693207（营销中心）

如有印装错误，请与本社联系调换。

总　序

季富政先生于 2019 年 5 月 18 日离我们而去，我内心的悲痛至今犹存，不觉间他仙去已近 4 年。今日我抽空重读季先生送给我的著作，他投身四川民居研究的火一般的热情和痴迷让我深深感动，他的形象又活生生地浮现在我的脑海中。

我是在 1994 年 5 月赴重庆、大足、阆中参加第五届民居学术会时认识季富政先生的，并获赠一本他编著的《四川小镇民居精选》。由于我和季先生都热衷于研究中国传统民居，我们互赠著作，交流研究心得，成了好朋友。

2004 年 3 月 27 日，我赴重庆参加博士生答辩，巧遇季富政先生，于是向他求赐他的大作《中国羌族建筑》。很快，他寄来此书，让我大饱眼福。我也将拙著寄给他，请他指正。

此后，季先生又寄来《三峡古典场镇》《采风乡土：巴蜀城镇与民居续集》等多本著作，他在学术上的勤奋和多产让我既赞叹又敬佩。得知他为民居研究夜以继日地忘我工作，我也为他的身体担忧，劝他少熬夜。

季先生去世后，他的学生和家人整理他的著作，准备重新出版，并嘱我为季先生的大作写序。作为季先生的生前好友，我感到十分荣幸。我在重新拜读他的全部著作后，对季先生数十年的辛勤劳动和结下的累累硕果有了更深刻的认识，了解了他在中国民族建筑、尤其是包括巴蜀城镇及其传统民居在内的建筑的学术研究上的卓著成果和在建筑教育上的重要贡献。

1. 季富政所著《中国羌族建筑》填补了中国民族建筑研究上的一项空白

季先生在 2000 年出版了《中国羌族建筑》专著。这是我国建筑学术界第一本研究中国羌族建筑的著作，填补了中国羌族建筑研究的空白。

这项研究自 1988 年开始，季先生花费了 8 年时间，其间他曾数十次深入羌寨。季先生的此项研究得到民居学术委员会李长杰教授的鼎力支持，也得到西南交通大学建筑系主任陈大乾教授的支持。陈主任亲自到高山峡谷中考察羌族建筑，季先生也带建筑系的学生张若愚、李飞、任文跃、张欣、傅强、陈小峰、周登高、秦兵、翁梅青、王俊、蒲斌、张蓉、周亚非、赵东敏、关颖、杨凡、孙宇超、袁园等，参加了羌族建筑的考察、测绘工作。因此，季先生作为羌族建筑研究的领军人物，经过 8 年的艰苦努力，研究了大量羌族的寨和建筑的实例，获取了十分丰富的第一手资料，并融汇历史、民族、文化、风俗等各方面的研究，终于出版了《中国羌族建筑》专著，取得了可喜可贺的成果。

2. 季富政先生对巴蜀城镇的研究有重要贡献

2000 年，季先生出版《巴蜀城镇与民居》一书，罗哲文先生为之写序，李先逵教授为之题写书名。2007 年季先生出版了《三峡古典场镇》一书，陈志华先生为之写序。2008 年，季先生又出版了《采风乡土：巴蜀城镇与民居续集》。这三部力作均与巴蜀城镇研究相关，共计 156.8 万字。

季先生对巴蜀城镇的研究是多方面、全方位的，历史文化、地理、环境、商业、经济、建筑、景观无不涉及。他的研究得到罗哲文先生和陈志华先生的肯定和赞许。季先生这些著作也成为后续巴蜀城镇研究的重要参考文献。

3. 季富政先生对巴蜀民居建筑的研究也作出了重要贡献

早在 1994 年，季先生和庄裕光先生就出版了《四川小镇民居精选》一书，书中有 100 多幅四川各地民居建筑的写生画，引人入胜。在 2000 年出版的《巴蜀城镇与民居》一书中，精选了各类民居 20 例，图文并茂地进行讲解分析。在 2007 年出版的《三峡古典场镇》一书中，也有大量的场镇民居实例。这些成果受到陈志华先生的充分肯定。在 2008 年出版的《采风乡土：巴蜀城镇与民居续集》中，分汉族民居和少数民族民居两类加以分析阐述。

2011 年季先生出版了四本书：《单线手绘民居》《巴蜀屋语》《蜀乡舍踪》《本来宽窄巷子》，把对各种民居的理解作了详细分析。

2013 年，季先生出版《四川民居龙门阵 100 例》，分为田园散居、街道民居、碉楼民居、名人故居、宅第庄园、羌族民居六种类型加以阐释。

2017 年交稿，2019 年季先生去世后才出版的《民居·聚落：西南地区乡土建筑文化》一书中，亦有大量篇幅阐述了他对巴蜀民居建筑的独到见解。

4. 季富政先生作为建筑教育家，培养了一批硕士生和本科生，使西南交通大学建筑学院在民居研究和少数民族建筑研究上取得突出成果

季先生自己带的研究生共有 30 多名，其中有一半留在高校从事建筑教育。他带领参加传统民居考察、测绘和研究的本科生有 100 多名。他使西南交通大学的建筑教育形成民居研究和少数民族建筑研究的重要特色。这是季先生对建筑教育的重要贡献。

5. 季富政先生多才多艺

季富政先生多才多艺，不仅著有《季富政乡土建筑钢笔画》，还有《季富政水粉画》《季富政水墨山水画》等图书出版。

以上综述了季先生的多方面的成就和贡献。他的著作的整理和出版，是建筑学术界和建筑教育界的一件大事。我作为季先生的生前好友，翘首以待其出版喜讯的早日传来。

是为序。

吴庆洲

华南理工大学建筑学院教授、博士生导师

亚热带建筑科学国家重点实验室学术委员

中国城市规划学会历史文化名城规划学术委员会委员

2023 年 5 月 12 日

目　录

前　言

　　季富政，西南交通大学建筑学院教授，杂家。1943年农历2月15日午时生，先祖"湖广填四川"时期来自山东，插占重庆巴县虎溪河双合村，后成小地名"季家皂角树"。读重大附小后入重庆南开中学，初中毕业被中央美院附中录取，因诸般原因未能成行，后保送高中。1963年入西南师大美术及汉语言文学系，终坠入艺术深渊。毕业后混迹川南、川北市井、山林。1976年组建达川师专美术系，任系主任、校艺术教研室主任。1984年调入在峨眉山下的西南交通大学建筑系，即融入峨眉山林莽大野、民居寺庙之中，从此割爱纯绘画艺事，渐觅芳而入乡土建筑秘境，扩而之大盆地及周边少数民族建筑，一去20年，沉迷民间，不能自拔。获资料可谓宏富，遂生《巴蜀城镇与民居》《中国羌族建筑》等部著作，有100多篇文论散见于国内外刊物。中绝不轻言放弃绘事，不过形式内容多有嬗变，谓之建筑钢笔画，无非画中以建筑为主体，讲究形体与结构的准确，能理顺它们的来龙去脉而已，是站在建筑学领域内的一种"偏颇"。当然入选者皆为有画味者。此亦不过千万巴蜀乡土建筑之一斑，无奈与热爱巴蜀乡土文化、志趣相投者共享建筑美餐。亦不忌浅陋，又合盘捧出照片若干，皆不能以摄影艺术蔽之，全为建筑本身之美而言，或曰共嚼资料之甘淳，此更是巴蜀乡土建筑沧海之一粟。其间画展又罗列水粉画数十幅，则多是20年前作品，于此展出算是一段人生经历的表述，不敢妄言艺术。

季富政

2008年

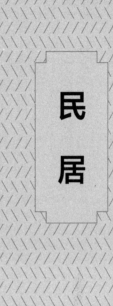
民居

东汉画像砖《庭院》图像研读

汉代画像砖、画像石、石棺画像、墓阙画像、崖墓画像在巴蜀地区留下了大量的物证，几乎各县都有，尤以东汉时期的画像砖为甚。其中成都双流县（现为双流区）牧马山出土，谓之《庭院》或曰《庄园》的一幅画像砖图像被《中国建筑史》等若干经典版本采用，并有大量文论来阐述。可见此图在中国建筑史上的突出地位，即凡论中国古代建筑尤其住宅者，不涉此案，皆有不成文章之嫌。此图究竟在中外相关著述中用了多少次，已无法统计。今选 11 例具有代表性的著作以掂其分量（按出版时间顺序排列，见参考文献 [1]—[11]）。

这些著作对于《庭院》图像的见解大同小异、卓有见地，特征为：主体厅堂三开间，并构成前庭后院院落，而次要的杂屋、库贮部分则形成另一功能区。二者中有廊道分隔成一主一副两部分，四周则有廊道围合形成一方形庭院，谓之"庭院"或"庄园"等。

经长期观察与图像比较，笔者似觉尚有一些现象值得进一步探讨，特絮述如下：

坐北朝南庭院格局

牧马山《庭院》图像中的空间格局组合划分，是四川古代农村民居中的必然，还是偶然？为什么要把核心居住主宅部分放在画面的右上角（西北方），而

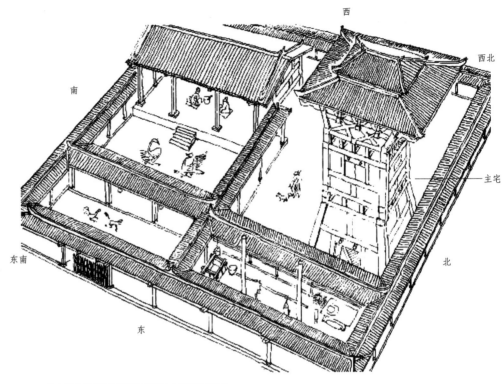

西

西北

南

主宅

东南

北

东

八《庭院》画像砖透视示意图（作者绘制）

把厨房放在左下角（东南方），从而形成对角格局？显然，这不是偶然。《庭院》
描绘之地是川西平原，属亚热带湿润季风气候，冬季主要受蒙古高原和阿留申
低压的影响，偏北方（东北方）吹来强劲干冷的冬季风，势力极强，而夏季为
太平洋高压和印度洋低压所控，也吹来南方暖湿的夏季风，但相对微弱。我们
审图看画而判，无论什么方向，庭院左下角的东南方最宜设置厨房，优点为全
宅其他角度、位置所不能取代，因为此位置是避开烟霾随风流向对庭院干扰的
最佳位置。烟霾产生的原因自然在厨灶一年到头大量使用的燃料上。

四川盆地古代不产煤，居民厨用燃料多木柴、秸秆之类，往往浓烟滚滚、
污染严重。此况直到当代都是棘手问题。一个庭院，如果厨灶之房处理不当，
包括灶位在厨房内的位置，其烟霾将熏染全宅，而烟霾的流动受风向的影响最
大。若要躲避冬季东北风、夏季南风裹挟烟霾侵染全宅，最佳办法便是把烟污
染控制在全宅的东南一隅，使其不能进入庭院内其他地区，此论拿到当今农村
检验，古今一致，必东南方设厨灶为最佳无疑。那么，主宅厅堂与卧室最需静

肃者，便是以对角最远的右上之西北角为最恰当。舍此，全宅任何位置难以成立。

综上，反观《庭院》整体朝向判断，正是所谓坐北朝南之南北向，论据来自厨房位置的确定以及由此引起的科学认知上。

"易学在蜀"不仅在方位上阐明"以北为尊"的时空概念，汉代巴蜀更是中国天文学的中心，诸术泛用于阴阳二宅的实践，包括方位四兽朱雀、玄武、青龙、白虎的应用。同时随着经济发展，文化也迅速跃升到一个高峰，巴蜀成为全国文化最发达的地区之一。像房屋方位朝向之类事，无论工匠、画人，有可能本能地首先想到的就是方位。如画像砖中还有街肆呈"十"字图像者，显然非南北与东西向交叉的街道不可，亦是方位感在汉代蜀中根深蒂固的写照。

散居的力证

《庭院》描绘的是一户农村散居的殷实人家，是川西平原人家的常态性居住场景。之所以称为常态，核心意义在于它在历史、社会、文化、艺术、建筑等方面展现的典型性和普遍性，即文化人类学上的乡土意义。具体而言，就是巴蜀民俗中"人大分家，别财异居"必然出现的三代同堂的居住空间及人文内涵。

所谓三代，即父母、夫妻、子女，他们同居一宅，在空间的设计和使用上，基本控制在三开间，也就是所谓"一"字形的格局之中，即中轴的明间和左右次间。这是中原最早的人伦空间原始划分。四川牧马山庭院正是承袭了此一空间原则，表现在4柱3间7檩的抬梁结构主宅上。就此，我们按常理推测：如果开间以5米左右宽、檩距以1米左右计，进深不过7米，也就和现代四川农村悬山式穿斗木结构住宅差不多。于此安排三代同堂的"人大分家"民间辈分风俗居住组织，恰好得到基本满足。此风一直延续至民国年间，比如朱德、卢德铭[①]少年时就和祖父母同住在有隔断的右次间前间。而邓小平则出生在父母房的左次间。人再长大或外出或结婚成家，就必须分开，另立房子居住了，这就形

---

① 卢德铭，"秋收起义"的总指挥，四川自贡人。

成了最初的三开间散居。

为什么到了有功能齐全的大庭院，甚至庄园的局面，其实质性的有卧室的主宅仅三开间而已？内涵在"人大分家"的人口控制分流上。所以《庭院》图像中本该是厢房的位置才变成了廊子，连接廊子的中部成为真正的过廊而不是卧室之类。作为仅一户人家，卧室的分配和建造总是有说法和实际需要的。如果拆除围合的廊子和非主宅部分，这完完全全就是裸居田野的一般农民散户。所以，《庭院》是用民俗和财富包装得合情合理的汉代农村小康民居，当然不是对自然聚落中一户的描绘，它缺乏有关聚落的任何空间信息。于此，唯有三开间才是散居的普遍载体，而根在"人大分家"上。

当然，散居不唯三开间一类，仍有合院等多种类型。"一"字形仍可横向发展，多至九开间，不过也只是散居主宅开间多少的分布而已。关键问题还是在"人大分家"的民俗上，它代表了先进的生产力和生产关系，自然会长盛不衰，因此其图像意义成为洞窥世界的窗口，就不仅仅是建筑学方面的意义了。

另外，要特别强调的是，牧马山《庭院》图像厨房的东南向位置，于房舍密集组团的聚落无效，其烟霾必然相互污染。恰此，又证明了巴蜀散居的事实存在。

散居的最高境界——庄园

自秦统一巴蜀到东汉约 500 年间，因其"人大分家"，随田园而居的民间风俗得以张扬，加之农业的发展，地主与佃农经济的发达，农村住宅质量优劣分化必然出现。四五百年时间，足以让这种状态成熟、成型。所以，我们才感觉到牧马山庄园的完美。当然，这种状态是有层级铺垫的，那就是规模、优劣之分。而牧马山庄园主宅不过三开间小房而已，这就道明庄园在核心空间上是不以大小多少论伯仲的，就是说，最简单的三开间也可以成就和其他空间共同的豪华。此正是三开间内涵深邃之处。

散居之"散"，广义上指的是每户距离有机合理的一种分布状；狭义上则是干巴巴的住宅简陋裸居状，此况毫无围合，更无私密，外貌即四壁加瓦面，光天化日之下，是一种特别尴尬的孤立居住状态。于是人们亟盼有墙、有栏、有廊、有树、有房……一句话，有围合。尤其巴蜀全为散居环境，一旦财富增加，便有安全之虞，就会有空间设防的要求出现：有围合再围合。三开间四壁屋顶是一种围合形式，再在周边围一圈墙，廊、房、栏也是加强型的围合形式。在没有自然聚落依附的四川，"单兵自护"显得更加重要。于是，各形各色的围合形态在农村广泛出现：石、木、泥、砖、竹、藤……以各种形式将住宅围而合之，就此衍生出围合文化。围合得美妙而内涵相当者，便泛起一个模糊的空间称谓——庄园。须知，笔者亲历20世纪四五十年代，仅所见农村散居围合，竟千姿百态，蔚为大观，全然可以作为单独的乡土建筑类型存在，后渐自拆除消失。这是一种普及的深度和广度，由此可见，庄园者，必须有围合。但有围合不一定是庄园，一切表明围合不以贫富论。但庄园的围合定然是好的，无疑，在巴蜀散居之境，追求最上乘的围合空间成为庄园的标志形态之一。

牧马山《庭院》图像反映出来的围合为廊道式通廊围合，瓦面覆盖之下，一定有坚固实墙如正立面之墙，否则不能言其安全，若通敞大开，任何人都可以任何角度进入，则何须置门？其通廊式类似土楼中的隐廊，庭院中的内向回廊及走马转角楼之走廊，是古代空间的一类小生产性质的美妙创造，若配合高而威风的阁楼，便是散居田野的理想居住小天地。此景绝迹于20世纪50年代后，延续约两千年。

牧马山庄园是一个有独特围合的，厅堂式主宅呈"一"字形的三开间的普通农户庄园。除了奢华的围合，它还有机地组织了主宅外的物质与精神空间，并力图实现小生产者"万事不求人"的人生归宿梦。虽然功能不能事事如愿，但生活生产之需也得到了相当的满足，甚至非主宅面积若干倍于主宅，诸如望楼（粮仓）、厨房、院坝之类。这种空间奢侈正是财富积累的空间表达，也是住宅文化的深度凝聚，但它始终保持主宅面积的民俗约束，也正是散居内在的"人大分家"理念，要求人口数量与有限空间的对应。

这种现象，也可能还有其他原因：一则田园散居，断了自然聚落梦，邻里亲朋来往减少等，别无选择地走住宅空间多样丰富之路以自娱自乐；二则汉代皇帝表彰下臣的做法——凡有功者奖励上等府第，无形中起了导向作用，使得社会群起效仿，以追求大宅、豪宅为荣并成风气。此风不唯巴蜀，实全国劲吹。

汉朝成为在砖、石、墓、棺图像及明器中表现住宅建筑最多的朝代。显然，那是一个言必称建筑、言必炫耀建筑的时代。所以，刘致平抗战期间调查四川民居时认为这是一种常态，此类型不过是"山居—别墅—庄园早年的花园类型"。

构思与构图

这是一幅全景式、综合完整的东汉巴蜀民居的构思与构图，是同时期出土的同内容中，绘画手法最高超、韵味最浓郁的罕见图式，甚至是接近现场写生的形神兼备的一点透视俯视图。汉代是隋唐绘画高峰时期的前期，在哲学、文化、建筑等方面为后者作了社会铺垫，民间多有涉及砖、石等材质的建筑表现，如在墓、阙、棺、窟中，形式有模制阴、阳线刻，浮雕以及明器塑造等。如此之状，多仰仗秦汉时期建筑高潮的空间创造，即有丰富的表现对象和对于空间理想的不懈追求。那时没有纯山水画，人的审美情调、闲情逸致、信仰崇尚多反映在生产、生活的现实题材上，反映出的建筑不少也是客观存在的实景，或者由此生发的抽象写意构成，但始终没有离开特定的时代空间特征，即只有汉代才广泛展现的阙、桥、楼、阁、廊等形态。这是一类时代空间表现主题，它来自对生活生产的长期实践与观察，甚至实景与细节的写生。显然，这是三维空间思维的民间艺术，同时又是汉代社会制度、民风民俗的再现，诸如"人大分家，别财异居"导致散居的区域空间格局，得到图像的准确反映和生动再现。若没有这样的背景是不可能产生相应构思的。

在汉代画像的各类题材和材质中，这样极罕见的特写式的一小块（40厘米×70厘米）砖面上，以内容的多样有机，巧妙完善了一幅整体肌理感极强、疏密有致的超前构图。而构图独特的妙招，在利用庭院廊道围合貌构成边框式的画面。由此我们反问：如果没有围廊作框，画面将是怎样的结局？可能是一幅松散的，各建筑互不相关、没有呼应、各自为政的拼凑图。墙体功能上的廊道围合的出现，想来不是作者画面上的臆造，而是真实民居空间的客观存在对作者创作灵感的启发。或谓心灵写生的记忆再现，甚至于可以大胆设想，有可能就是现场写生的再创作。因为出土此图的牧马山正是成都平原为数不多的浅丘，虽为悬山屋面，和明清比较，山面出山很短，似有中原硬山余风，流露出中原文化影响四川在建筑上的空间演变，哪怕很微妙。山面呈抬梁式木结构，方格恐为竹编夹泥墙或木板墙。抬梁结构用在次间，今极少见，少数移至明间即堂屋间，它和次间的穿斗结构融为一体，两相比较，更彰显抬梁结构的神圣。抬梁式用材较粗，是致使用材稍细的穿斗结构广泛应用的原因之一，旁证了森林生态渐自失衡的端倪。

悬山屋面出现垂脊，此制川中大部已绝迹，但西昌、会理等边缘地区可见，汉制无疑。另外，正脊无中堆屋面无举折。正是汉代住宅简洁之貌。

"过厅"进深明显太浅，显然不是卧室之类，疑为汉代庭院实制，或仍为廊道，包括左右（东、西）廊均不是房间，是不给后人留空间"人大分家"的力证。

利用前廊开门，说明廊下还有实墙，否则开门有何用？回廊绕庭一周，主要功能在天晴落雨方便，设防是其次，所以围合是完善国人居住哲学和诗意的空间描述，大门前设栅栏，川人称扦子，今川南五通桥一带尚存。

窗上有门簪，门窗一体，古制再现，今汉代入川的羌人民居尚存。望楼底层门、庭院大门等共3处有门簪，说明阴、阳观念在汉代的深入与普及。

二层呈封闭状，粮仓可能性大，临庵厨而置，方便。

望楼一、二层呈收分状，显然是对应地震的基本形态。此制和地震高发区的四川藏羌民居及碉楼同式，说明临近的成都平原古代是地震波及区。

汉代是野炊式与厨灶式并存时代，故无烟囱，烟霾很大，所选厨房位置极重要，此位正是北方庭院大门处（东南方），刘致平说川宅"僭纵逾制"，此为一斑。成都平原地下水浅而丰富，水井打在厨房内，为常态。

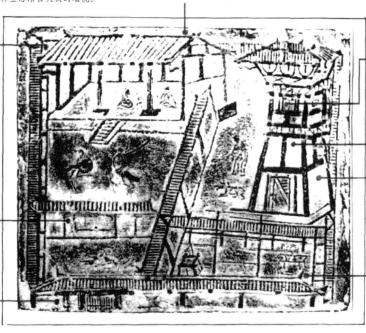

从其上俯视平原之宅，恰是《庭院》图像的角度。显然不是偶然所得。试问：古人就不能对景写生吗？只不过没有泛用"写生"一词而已。明显，一点透视在图面上萌动，而且是从右到左（画面关系顺序）的俯视角度，清晰的三维空间显示出非常形象化的思维流动。这也是同时期其他题材，如桥梁、家具、人物等共有的透视现象。虽然透视有些幼稚，但唯其如此，才透溢出历史信息的真实。回味后来南朝齐艺术评论大家谢赫的"六法"论，尤其个中"经营位置"之论，道出《庭院》图像构图之经典，进而营造出"六法""核心""气韵生动"

之艺术命脉。其因在廊道作框的装饰构图产生强烈的视觉排他性上，就汉代众多图像的比较而论，是其唯一性构图的奇效，读来令人震撼。故曰构图之类技术不可小觑。

另外，泥陶之类表现的建筑题材再多，对于建筑品样多而繁复、占地宽大的庄园来说，似乎在表现上有所局限。所以，《庭院》之类的画像砖、石等平面形式，无疑又是对泥陶表现建筑组合不足的补充，更是对汉代空间生活表现的完善。

后　话

本来，读书、阅文、看图为一事，往往文字胜于图像，或者图文并茂。而汉代真实地留给我们的，则是图与形多于文。自然，对于图的理解，空间就宽大无边了，又往往于此，就有些神采飞扬了，这就到该出问题的时候了。所以本文只是推测而已，错误难免，掩卷而思，唯有写出来求教于方家，也算是一类读书笔记。

参考文献

［1］刘敦桢.中国古代建筑史［M］.北京：中国建筑工业出版社，1986：51—52.

［2］中国建筑史编写组.中国建筑史［M］.北京：中国建筑工业出版社，1986：117—118.

［3］刘致平.中国居住建筑简史：城市·住宅·园林（附四川住宅建筑）［M］.北京：中国建筑工业出版社，1990：131—202.

［4］刘敦桢.刘敦桢文集：四［M］.北京：中国建筑工业出版社，1992：254—255.

［5］四川省勘察设计协会.四川民居［M］.成都：四川人民出版社，1996：207.

［6］侯幼彬.中国建筑美学［M］.哈尔滨：黑龙江科学技术出版社，1997：157—158.

［7］王绍周.中国民族建筑［M］.南京：江苏科技出版社，1998：360—361.

［8］高文，王锦生.中国巴蜀汉代画像砖大全［M］.国际港澳出版社，2002：10—37.

［9］陆元鼎.中国民居建筑［M］.广州：华南理工大学出版社，2003：24—27.

［10］刘敦桢.中国住宅概说［M］.天津：百花文艺出版社，2004：29—31.

［11］李先逵.四川民居[M].北京：中国建筑工业出版社，2009：43—44.

［12］王鲁民，宋鸣笛.合院住宅在北京的使用与流布：从乾隆《京城全图》说起[J].南
方建筑，2012（4）：80—84.

巴蜀发现明代民居所产生的联想

　　巴蜀地区无自然聚落的原点研究，其建筑文化基因在单体民居的发现与挖掘上。本文以明代民居为契机展开联想，以求证这一推测。

　　秦统一巴蜀之前，巴蜀地区乡土建筑究竟是什么模样，至今没有像牧马山出土的东汉著名的《庭院》画像砖一样的可视图像展现在世人面前。

　　2010年5月19日《华西都市报》02版报道："公元前1200年—公元前900年……金沙遗址祭祀区东部第7层下，发现一个建筑基址……仅存9个柱洞……柱洞均为圆角方形，边长0.45米，深度约1.3米。整个建筑遗址平面呈长方形，西北—东南向，与当时北面河流的方向一致。"

　　对这个发现，中国著名建筑考古学家杨鸿勋教授认为："那9个圆角方形柱洞遗址之上矗立着一座神圣威严的'古蜀大社'，长长的台阶，盖满草或树皮的斜屋顶。"

　　金沙博物馆负责人认为，"这是一座古蜀王国最鼎盛时期建筑的真面目"，修建时代约在商代晚期，废弃在西周前期，即约公元前1200年至公元前900年，使用时间约300年……可以称之为"木构高台祭祀建筑"。

　　当然，以上现象也有争论：有人认为它是一个简单的木质平台，或为9根图腾柱。由于资料有限，至于柱距尺寸、柱洞深度、埋进木质柱体300年后面临的潮湿易腐问题、柱础的下埋问题、建筑高度问题，均是一个个谜。

　　杨鸿勋教授是我国建筑考古学的创始人，治学以严谨著称。他的研究成果表明了"木构高台祭祀建筑"是一处神圣的祭祀建筑，他给它取了一个"古蜀大社"的名字。《史记·封禅书》及《淮南子》中，对于神农时期、黄帝时期明堂的形制和使用功能都有记载，这对研究祭祀建筑提供了借鉴。他进一步论证道：青海喇家遗址的祭坛和成都金沙遗址的9柱洞建筑遗迹，是目前发掘到的先秦时期仅存的两处具有祭祀建筑的遗址。"我曾对1000年前的日本鸟羽遗址9柱洞遗迹（社）进行过复原。发现这个建筑的构造和建筑形式，与青海喇家遗址的祭坛和成都金沙遗址的9柱洞建筑遗迹几乎一样。"他推断"古蜀大社"与代表中国历史的中原文明是一致的。

上论可以认为：在巴蜀建筑的原点研究上，又出现了探索先秦时期建筑的契机。尽管历来建筑考古的信息不断，但全形态的空间图像复原很少见，而多是一些文字表述性的推测。

当然，秦以后，汉画像砖、画像石、崖墓等雕刻的建筑形态，尤其是以雅安姚桥汉阙为代表的一大批反映当时建筑信息的遗迹被发现后，人们对汉代巴蜀地区的建筑及它的多样性、辉煌性已无甚怀疑。

关键是唐至明之间的大段建筑历史，尤其是乡土建筑历史，留给社会的是一片迷茫。所以现在社会上言巴蜀建筑繁盛于"明清"，听起来甚感缥缈。

关于巴蜀明代民居

明以前，公共建筑诸如宫观寺庙之类在巴蜀地区的遗存，多与中原地区宫殿式做法无本质区别，所以拿不出区域性规模化的共性特征来诠释其独特性。

乡土建筑中的民居如何？由于明末清初战乱等天灾人祸，也难觅实例。

20世纪以来，根据大邑县文管所的资料，在大邑县三坝乡和临界的邛崃市境内，发现十数例（15例左右）明代民居。这是同一历史时期同一地区同一形态民居的小规模发现。所有宅主都言这些民居是先辈在"湖广填四川"时，从树林荆棘中"刨"出来的。至今这些民居有的废弃，大部分仍有人在内居住。现综合几家建筑共有特征叙述如下：

平面都是"一"字形，多三开间或五开间，方位多坐东北朝西南，或坐北朝南，占地在300平方米至750平方米之间，建筑面积相差不多。均为单檐悬

∧∧ 三坝乡明代民居立面

山式穿斗全木结构，多在正房明间或扩大到次间作开口楼。开间均在5—6米之间，进深较长，有的长达17米，屋前普遍留出宽檐廊。通高有近8米，所以有夹层。素面台基，高者1.5米，低者0.5米，有垂带踏步。减柱造，角柱升起0.14米左右不等，形成整体形态略有收分。柱径0.35—0.45米，两头榫卯的大圆木直径达0.6米的穿枋。柱础是典型的明代双层覆盆式，柱根与柱础之间，垫嵌木木质（软磉）。小青瓦，屋面坡度比较缓，总举高一般为总进深的40%左右，即约4分水。檐柱与金柱之间的穿枋下使用两条踏头雀替。常用驼峰，均喜用天然弯木，有多达30根左右者，用材以本地马桑木为主，不做撑拱、吊柱之类。装饰文化不像清代以"福、禄、寿、喜"的物象化来统领全局，而多宗教色彩，简单、量少、大方、实用。调研过程中没有发现一户合院及曲尺形民居。

明代民居的优点是占地不多，普遍高朗，有夹层可堆放庄稼，前檐廊可休闲，可做室内农活。不足是进深过长，致使中间采光不足，显得黑暗。当然也可通过在明间的堂屋后开天井来解决这一问题。

上述明代民居最迟为明末修建，从规模化着眼，是流行在川西平原、丘陵一带的较稳定的农家住宅，但不可推测这就是整个巴蜀地区的模式。不过从清代"四个川"的民居异同而言，理应不会有多大出入，因为影响民居构成的自然、人文因素中，全川是差不多的。由此，也可推测民居模式可上溯到明初甚至更远。恰是这种广泛散居田野的布局特点，导致没有形成组团聚落，此正印证最迟秦以来，巴蜀地区就存在和全国不同的民居分散田野的格局。

和清代民居的比较

在全国大一统的民居模式中，中原合院式是汉民族最高的居住理想，然而它的原点成型仍应回到三开间的中轴对称体系中来。明代四川民居正是这种原点成型的深化和发展，并形成历史阶段性的稳定形态。就是说明代以前，直到民居图像资料丰富的汉代，均没有发现上房、下房、厢房围合成型的合院式民居。东汉出现的庄园民居也不是严格意义上的规整合院格局。由此可推测，明以前巴蜀地区基本上是以"一"字形的民居为大宗、为主体。成因就是人大分家，形不成多辈聚居的合院格局。

众所周知，清是一个崇尚、弘扬汉文化的少数民族政权，它统一巴蜀地区后，必然把最能完满诠释天地、君臣、人伦即尊卑等关系的空间模式推行到它统治的一切地方，即把中原合院模式向全国扩散。是否可以这样理解：真正成型的合院民居在巴蜀地区的出现，应该是从清代开始的？反证的论据，除了上述大邑明代民居，历来巴蜀地区的考古信息、文献等尚未发现成型制的合院民居。而巴蜀地区现存的各类合院民居都是清以来的遗存，则进一步印证了这一判断。

为什么清以来合院民居才多起来？在巴蜀地区的推行效果如何？而明及明代以前少见合院民居，核心问题在笔者历来强调的至迟秦统一巴蜀后出现的"人大分家，别财异居"的民俗上。人大分家，必然另起炉灶，另立房屋，于是就用不着考虑下辈的住房。在人伦关系上反映在住宅空间的排列位置，也就是用不着安排厢房给下辈结婚生子。没有厢房，当然产生不了围合，也就没有四合院的元素。由此再推测，清以前之历朝历代也可能想维持多代同堂的空间存在，终敌不过强劲的"人大分家"民俗，而一一解体，终成布满田野的散户。大邑明代民居，即是一例，不仅聚落没形成，连合院都没有形成，真可谓天下奇观也。

然而合院民居在清代推行也是事实，300年来现实存在于街道与农村田野中的也有很多，原因何在？

1.乾隆时代以前真正的巴蜀合院民居极为少见，如果有，也在漫长的各类灾难或木构体系易腐等主客观原因中消失。今之所存多为乾隆以后的，而维持多代同堂于一合院者，只是一种维系宗族凝聚力的空壳象征。为了延续下去，人大分家，财力雄厚者，仍然给儿子们另起合院。然而"富不过三代"，久而久之合院必然消失。合院作为单体延续下来，追求的是居住的最高理想。

2.绝大多数经济能力较差或经济能力一般者，住宅自然多非合院单体。

3.憧憬合院理想的一般人家，一代不成，二代、三代再围合。先正房，次左厢房、右厢房，再下房。例如邓小平故居就是上辈经历几十年，经三代人，最终不过形成三合院，只是3个不同年代和空间特征的单体简单围合而已。

4.越往清末，封建约束力越小，在传统的"人大分家"民俗影响下儿子独立去生产生活的生产关系越显先进，必然导致合院解体。

5.人口增多，土地渐少，合院占地远多于"一"字形单体，也是重要原因。

综上，巴蜀地区既没有聚落，又少合院民居，那么维系一个家族的凝聚力靠什么场合或载体来组织？

1.首先是堂屋。凡堂屋必在中轴线上，坐北朝南，二者共襄成就以中为尊、以北为尊的尊祖空间位置。无论"一"字形民居有多少开间，均为单数，正是堂屋必须居中产生的结果。除了在堂屋的内壁供祭"天地君亲师"尊位，左右次间一方是祖辈居住，一方是父辈居住。但孙子小时候可以和祖辈一起居住。如朱德、卢德铭在孩子时就和祖辈住在一起。孩子长成大人后，一般加建梢间。再往后到结婚年龄，则早已筹划另择地基建新房了。上房堂屋或为三代同堂最初的简单方式。

2.财力雄厚的人家想维系多代同堂的理想，除了自身住宅是合院民居，儿子分家，父辈也给他们另外择地建合院。荣昌区保安乡喻氏是明代土著（非清代移民），在清代给儿子另建两处大型合院，忠县洋渡场古氏三兄弟拥有三处合院都是力证。这些合院都设有堂屋神位，其凝聚家族的功能只是形式。这种堂屋合院限于少数有钱人家。

3.巴蜀民居单体发展到极致便是庄园。庄园是巴蜀最具特色的民居，有住宅、家祠、佛道空间、花园、学堂、碉楼、戏楼、闺阁、粮仓等万事不求人的强封闭性多类型空间组合，是巴蜀民居发展到顶峰的个体形态。它几乎远离场镇和城市，展示了地主经济几千年来深厚的积淀和丰厚的文化层面。虽然内部奢想以家祠聚合族人，然而，形成气候、延续多代同堂者极为罕见。

4.由于巴蜀没有自然聚落，祠堂一般都孤立地建在农村同族散居较近的田野上，少量建在场镇与城市中。似乎成都、重庆这样的大城市过去每一条街都有一处某某祠堂。但比起农村星罗棋布的祠堂，城镇祠堂仍然是少数，家族凝聚力自然靠它们去维持。这一点，从傅崇矩《成都通览》列举的成都与州县祠堂数量之比中可以发现。

我们说血缘性的空间聚合模式最佳的大型组团是聚落。恰恰巴蜀地区没有聚落，而只有"一"字形、曲尺形、三合院、四合院、祠堂、庄园这些体量不等的各类单体来凝聚族内人心。宗教信仰场所、节庆行业帮会"打堆"等非血缘性的聚会又依靠什么样的场所来凝聚人心呢？这就必然出现多功能、多形态的空间组合体，以市街为纽带把这些空间串在一起的复合型聚落——场镇。

乡场、乡镇、场镇、城镇、城市

新中国成立前，巴蜀地区对场镇的称谓，普遍是乡场。傅崇矩《成都通览》亦称"成都四乡场市"，指的是清末民初时期的称谓。

乡场之谓，即农村的聚会场所、市场。显然，这是一种以商贸为主的多功能业态构成，是巴蜀地区民间沿袭下来的古典称呼，一直到新中国成立前后，老人们都这样称呼。这种称呼伴随着时代节奏加快，逐渐把多数三个字的乡场名淡化，简化为两个字，如巴县虎溪河场、忠县洋渡溪场、石柱西界沱场，就分别简化为虎溪、洋渡、西沱。我们只要静下来理性思考这种变化，便会深感这是时代变化中的一种人文涌动，变化的基础是人们对城镇化、工业化社会的期盼，对农业社会的一种厌弃。当然，这样的社会心理促使人们对"乡场"二字包含的浓烈的农村色彩采取淡化处理的态度，于是"乡镇"逐渐取代"乡场"称谓，但它仍然还有一个"乡"字在前头，还脱离不了农业的阴影，进而开始以"场镇"称呼。恰恰是这个过程，使我们看到人们对这种特殊聚落形态逐渐清晰起来的准确表达，即"场"是"镇"的开始，是"镇"的最初形态，它是农业社会的空间产物，是一个以市街为主干空间的商贸、宗教、宗族、行业、地域复合结构的时代框架。这是地缘性、志缘性、血缘性等多元和衷共济的、在中国特殊地域内的必然构架，也是地域文化在空间上的必然走向，是巴蜀地区2000多年城镇化的基础。比如巴蜀地区不少县城所在地原来就是一个场镇，亦如常说的县城所在地某某镇，如都江堰之灌口镇、金堂之赵镇、巴县之鱼洞镇等，不少原来就是乡场，因而又有了城镇概念的泛起。准确一点说，城镇多

/Λ 三坝乡明代民居构架

指县城所在地。巴蜀地区又是一个山地的地形，如果按照中原城市必须具备南北、东西街道轴线格局，显然大部分城镇没有平整的地形条件展开这种空间营造，因而叫它城市似觉理亏，不够条件。于是有了城镇一说，即介于场镇与城市之间的模糊空间，特征是：路网随意性较大，多数与河流平行成主干带状道路形成主轴，然后派生若干副轴街巷。说到底，没有事先统一规划，自由放任性较大。过程之中有不少风水、儒学因素介入，终是附会之说多了一些。很明显，个中农业自然聚落的成分太多，感性的自由发展的小农经济意识在支配着城镇的进程，所以叫它城镇恰到好处。

是否就没有像样的南北、东西主干轴线构成城市的最初构架呢？从川北这条距中原最便捷的通道中，2000年来的阆中、昭化、三台甚至三台境内的场镇、西平镇等城镇，无不一如既往地遵循中原治城空间格局在完善城市的街道布局，形成方位明晰的路网，构成公共建筑与住宅的分区，形成城市整体与周围环境的风水观念，等等。这类城市似乎才真正达到了城市概念的标准，才彻底脱离了巴蜀城镇中一些固有的"聚落"属性，就是某街段街区有某姓血缘性组合，但他们已完全融入城市功能体系之中，他们的影响力已不存在，"聚落"最后的空间痕迹终于彻底消失。

小　结

综上，我们从明代单体建筑的发现上溯追寻约公元前1200至公元前900年的"古蜀大社"，观察到一条巴蜀建筑的路线脉络，虽然这条路线时明时暗，总体而言，产生的空间结果仍较清晰地反映出空间历史的概貌。尤其是清代300年的营造，继承、稳定、发展了巴蜀地区的区域建筑，创造了丰富独特、大别于全国的从建筑细部到庞大场镇的空间财富。它奠定了传统城市——从县城到中等城市，再到成都、重庆等特大城市的空间基础。追根溯源，原点仍在单体，由此派生出来的大大小小的特色空间，在全国独具风采。下面再列若干：

清末全国最多达4000多个多类型的场镇地区（仅川渝汉族地区）。

全国最多的会馆地区，包括移民会馆和土著会馆，行业会馆有上万之巨。

全国最多的水运行邦祠庙地区，即王爷庙、清源宫等，计上千之巨。

全国最多的戏楼地区，有公共戏楼、公共建筑内部戏楼、私家住宅戏楼等，估计上万座。

全国最多的穿心店地区，即道路从家宅中、商店中、公共建筑中穿过的建筑与场镇。

全国最多的超大型组合单体民居——庄园地区，计上百例。

全国最多的码头建筑地区，仅乐山五通桥就达 80 多个，总计上万。

散布在大小城市、场镇外围的不计其数的小商店——幺店子最多的地区。

……

以上为数十年调研及若干资料文献互证后的结论。本文全由巴蜀无聚落概念延伸、生发而来，最后找到单体这个原点，它成为研究巴蜀区域建筑的基础。是否确乎如此，权当此阶段调研性质的看法。

成都民居文化散打

七品宅邸的素雅气象

（镗钯街 40 号）

清朝中叶，政局与经济的稳定给川中城乡绅粮、官宦建大宅大院带来机会。成都双栅子朱财神府、南府街周道台府、棉花街卓宰相府，以及犀浦陈举人府等，均是名噪一时的大型庭院。如今，除年代稍晚的温江陈家桅杆作为市级文保单位尚存外，其他均难觅原貌了。不过从某些隐藏在市井深处的小型院落，似乎还可窥见清末民初官宦人家住宅的端倪。镗钯街 40 号，这座据现宅主言乃是原华阳县县大老爷宅邸的建筑，即是一例。

首先头道门用歇山式屋顶，便是成都龙门罕见的做法，若不是后来改制，显然系一极不安分人家之所为。头道门与二道门之间有一敞廊道，长宽正适合轿子停放，犹如轿厅。右一为用人小院，左为会客房厅（已改造），均由屏门进出。二道门即为下厅房中间，门柱高耸，黑漆遍涂，气象森严。两边厢房各三间，中为花厅，据说右厢房花厅还兼作过厅以衔接右边天井和庭院。而正房五间中，抱厅由堂屋两边次间沿金柱伸出，显得厅廊贯通，尤感宽大。虽把天井逼小了，然经红漆木作、雕刻挂落渲染，庭院景象仍不失为官之家的气派。这里面有几处是一般老百姓庭院难以比拼的：一是有专门的轿子停放点；二是有会客室与用人小院；三是有花厅且装饰雅致；四是抱厅宽大，与其为官身份相符。

明以来，住房限制间架，如"六至九品厅堂三间七架，梁栋饰以土黄，前

/∧ 镗钯街小姐楼

一间三架，黑油铁环……"，定制十分复杂。到清代略有宽松，仍规定："公侯以下官民房屋台阶高一尺，梁栋许画五彩杂花，柱用素油，门用黑饰。官员住屋，中梁贴金，二品以上官，正屋得立望兽，余不得擅用。"但对间架限制就少了。

花树繁茂绕宅生

（后河边街6号）

成都平原土壤肥沃得似乎插根筷子都要发芽，植物极易生长。适居其间的成都人钟情自然又富闲情逸趣，所以历来以栽花、种草、植树为乐为雅，尤其在民居好施此事，渐成风气，亦几为豪举。这种盛况，叶圣陶1945年在《谈成都的树木》一文中，曾作了生动的描述："在新西门附近登城向东眺望，少城一带的树木真繁茂，说得过分些，几乎是房子藏在树丛里，不是树木栽在各家的院子里。山茶、玉兰、碧桃、海棠，各种的花显出各种的色彩，成片成片深绿和浅绿的树叶子组合成锦绣。"这是何等苍苍茫茫、郁郁葱葱的绿化大观。由此看来，成都人对环境之爱真是可以了。他们把自然引进居家之境，见缝插针，使得民居环绕着一种"此地在城如在野"的田园氛围。这样的痴迷在有的庭院，更是把人、建筑、植物三者之间的关系推向了互为拥有、相依为命，须臾也不可分离的地步，实在叫人叹为观止。

某年5月，我带学生在后河边街画民居，但见6号庭院厢房几乎被金银花藤蔓"掩埋"，竞相争荣的细叶柔枝一层一层覆盖着向屋檐攀附，直到密密爬上屋顶。当时，正是金银花吐蕊施芳的季节，一簇簇纯玉般花朵怒放其间，股股醇美清香扑面而来，直透肺腑。同学们皆一阵深呼吸，大呼"好香，好美"。待仔细观察，复见木构精湛的窗棂、花罩亦被藤蔓缠绕遮蔽，门首似成"洞穴"

∧∧ 6号庭院绿化写生

入口，室内略有些幽暗。稍定，感到里面笼罩着深绿祥光，幽凉袭人，令人燥汗立收。这分明是山野之居了，哪里还有半点闹市里住宅的浮躁喧嚣呢？这个为了追求和自然亲近，为了躺在自然怀抱里生息的宅主，为了争宠自然，看来居然已经到了置光线采风等家居条件于不顾的境地，怪不得叶圣陶老要对这些沉醉于绿色之梦者直呼"似乎可以栽得疏散些"，"留出空隙的形象的美"，"让粉墙或者回廊作为背景，在晴朗的阳光中，在澄澈的月光中，在朦胧的朝曦暮霭中，观赏那形和影的美，趣味必然更多"。由此可以看出，半世纪前成都就有不少庭院类似上面那家"满院子密密满满尽是花木"。真是什么都在讲延续承袭，后河边街这家人便明显地表露出成都部分庭院园艺的特色，这也是一定程度上的宅主人生境界的写照。其实，绿化讲究疏密有致也好，治园更条理化也好，绿化之利与绿化之爱也好，都可以说是成都人得天独厚的一种契机和源远流长的美好传统，由此也构成了老成都民居的一个显著特色。

蓉城深处辉煌木宅
（新半边街 3 号）

新半边街 3 号范云顺宅在街边的门面很不起眼，小而黑的门厅又时常半开半掩。但天井里却很亮堂，往往透过门缝留住过客脚步。及至进得门来，就见一尊财神菩萨龛洞建于正面砖墙上，人或以为此乃寺庙之地；加之光线太暗，令人油然而生神秘之感。本来按四合院格局理解，门厅中除屏风外少有再做门的。范宅则不然，一而再、再而三地做了三道门："财神"为二道砖拱铁门，三道为两开四扇隔扇木门。何以如此？疑窦尚未解开，就再次被天井里明朗的光亮吸引。说来大惊小怪，那天井实无特殊之处，和成都寻常天井并无二致。关键是因门厅太暗造成的空间视觉反差。而正房、堂屋、厢房仅有楼房而已，充其量把楼串成回廊似走马转角楼，人可以在上面绕着走一圈……待从堂屋前抱厅反身再回看下厅的壁面时，你顿会为之惊奇不已，乃至喃喃自语："不得了！不得了！"何物不得了？原来是下厅房竟比正房、厢房多了一层楼，共三层。它不仅修得比正房高，有违常情，楼层也是成都民居少见的"高楼"。然精彩之处尚

∧∧ 新半边街 3 号范云顺宅

不在此，而在于整个向内的壁面装修和窗饰。窗壁的华丽、辉煌、凝重、空透，四川其他民居在这方面少有能比拟的。它真正做到了使人回肠荡气，使人叹服宅主与匠师成熟的艺术资质。

细究起来，形成上述精彩印象的个中原因，大致有三：一是开窗面积大，层层开窗，一窗紧接一窗，且窗饰精湛而不流于烦琐，提窗、附窗加窗栏，窗中显得有层次；二是每一扇窗尺度较大，其间柱撑又辅以雕刻来辉映衬托，于是整体立面显得气势大度，而不像有的所谓精雕细刻，仅把人的视觉引向局部；三是所有材料均不沾一滴漆彩，木质天然，色彩纯度保持在最佳状态。且因年代关系，其新旧成色均约为五成，正是不新不旧的火候，使整体又以一个黄褐色调制约统一窗壁，从而加强与完善了整体性。而木质黄褐色调为热色调，同时又烘托出了天井内的温暖气氛。这里还有一个色彩的明度关系，也是造成天井亮堂气象的原因之一。说千道万，归结一点：倘没有全木结构的大面积建构，是断不可能出现这般气势的。

奇怪的是，为什么要把临街下厅房的反面做得如此高妙，反倒懈怠了正房与堂屋的装饰装修？想来除清末民初建宅制度的松弛外，临街造个三层楼，其间恐怕亦有显富的虚荣。但内立面窗多而空透，基本上是为了应对采光要求。只不过范云顺看来非同一般俗辈，采光时亦充分顾及了窗作工艺的整体艺术效果。除上述特色外，范宅内部还有不少闪光小技令人难忘。无论是宅中水井，还是楼梯转角、三层楼道、斜撑与雀替的雕刻之类，均从不同侧面说明了建宅之际全面兼顾的整体构思。至于那灰暗的、与明亮的天井反差很大的三道门门厅，在防御功能之外，是否又寓藏有尽量不惹人注意以"藏富"的矛盾心理呢？

城中随意"乡间"院
（大同巷4号）

无论是农村搬进城市的，还是文人欲在城中造个小院的，若地皮不方正，面积又不大，造个体面周全的四合院全无希望。面对这种情况究竟该怎么办？由此遂在成都民居中产生了不少形制自由、造型随意但趣味亲切的"乡间小院"。在这里，祖堂之所的方位模糊了，厢房所指不明确了，天井地坝亦呈多边形，房子想怎么修就怎么修，以尽量占满边界为原则。这样一家连着一家紧排下去，龙门间距错落不等，无法完善朝向，邻居通以协调为善、方便为最。恰此，便营造出众象天然、和衷共济的居住环境氛围，并与笔直宽广的大街形成强烈反差，小街弯弯曲曲，幽深清静，所谓成都最宜居家者当数此类。其中府河、南河交汇处旁的大同巷更是佼佼者。尤可贵者,此间目前尚古风浓郁,恍如边远小镇,实在是历史文化名城中不可多得的民居人文景观。

大同巷4号余宅仅算其中普通又普通、简淡又简淡的人家。龙门殊为费心,因地皮所限,八字门墙仅有右边一"捺",但做法不俗,为规范之作。大门、屏门、吊柱等一应俱全。民居大师刘致平教授说:"四川成都许多大门用垂花门式,做法很像北方的垂花门。"由此看来,因受到清住宅制度的约束,余家龙门骨架便是垂花门的韵致。虽然北方垂花门不是一般人所能用的,而是王公府第以及祠庙才能用的,但在四川成都等地却已经稍加变通,使之成为寻常百姓之门了。余宅以正视听的门作内,即是前述不规则小院。

不规则地皮为建筑发挥提供了随意性前提,而随意又给空间丰富带来了机会,人可以无拘无束地在里面摆弄、营造和想象。说到底,这无疑是人最为企

/\ 大同巷4号余宅

盼的空间理想。余宅在不规则的天井三边建房，格局无法对称，似厢房的两侧，一侧两间，另一侧三间，靠天井一面墙壁全开方格窗。室内光线柔和，室室相通，十分方便。而正房仅两间，自然无堂屋。于是住宅的上下尊卑和次序全部打乱，反而造成融融乐乐、皆大欢喜的亲切气氛，人格的相互尊重由于建筑格局的随意而得到肯定。再加之天井中树、花、草、池的"随意"布置，一切均处于天然弥合、互相拥有之中。在看惯了对称统一的四合院民居天地中，此宅遂给人以耳目一新的惊喜。尽管如此，倘若从门到里院整体上再端详，便也能发现上述随意中又有龙门遵循传统做法的匡正，似乎有"地皮不正，庶民无法，脸面（门）非要不可，里面不得已而为之"的潜台词。这使人感到，过去时代修房造屋，要想在局促中得到一点淋漓，在遮遮掩掩、虚虚实实的背后，自然也仍是战战兢兢的。

余宅已易主多次，其起码是建于清末之前的。无论它是农村人、小文人，还是小商人所建，所体现出的文化底蕴都是不薄的。难能可贵的是，在百十来米间的街段，竟集中有十来家列于左右，光是那龙门毗邻相接的景观，就足以让人赞叹不已了。

鲜见东山大瓦屋
（石灵乡千弓村叶宅）

拙文《乡情浓郁客家屋》前不久发表后，笔者即接到一位名叫叶桂华的年轻人的电话。叶说他家住在石灵乡千弓村，也是客家人，现有一大瓦屋是祖辈留下的，还有林盘一个。若无人带路，即便走到屋前也不知此处有如此隐秘、浑厚、静谧的老宅一座。这就是清末民初这一带遐迩闻名的叶家烧房。

酿酒作坊，川东川南叫"糟房"，川西有的叫"烧房"。源出何处，没去详考。据现在居住于宅内最年长者78岁的叶发祥老人讲：龙泉驿一带都将上述作坊叫烧房，地图上的地名也普遍反映出成都周围均有此名称。把烧房设置在住宅内，即在住宅内有较大空间作生产用，是农业兼商业的一种经济形态。叶家宅内虽有专事酿酒业之设置，但建筑上却并未见有特殊外形及空间组合，因此，

/⋀ 叶发祥和他儿子

/⋀ 现成渝高速8公里南侧叶家烧房

叶家烧房仍属住宅形态范畴。

　　叶祖籍是广东嘉应州（现梅州市），属客家人。原宅主姓朱，亦是附近客家人。叶发祥祖父买此住宅约在同治末光绪初，所以此宅至少有140年历史。入川几十年，当是维系祖传文化最有力、恋乡情结紧固难解之时。作为集中体现乡土文化的建筑，必然从里到外、从大木作到家具、从小构件到装饰等，一概遵循祖籍地的形式制度，若有过多"走辗"变异，不啻是数典忘祖之为。这在封建宗法伦理至上时代，自然是一种触犯忌讳的异端行为。因此，笔者在对闽、粤、赣边区客家民居进行考察并参阅比较客家民居研究权威人士陆元鼎教授、黄汉民教授著作后认为：叶家烧房应属客家民居中一类叫"围垅屋"的核心形态。

所谓"围垅屋"，顾名思义，其屋必然有"围"有"垅"。"围"者有"圆"的形象，"垅"者为高的土坎。即是屋后有半圆的房子围建在斜高的坡上，并和中间有堂屋的核心房屋连在一起。而前面往往又有半月形池塘和后面半圆形屋相对应。于是，围垅屋平面出现椭圆形貌。这种大型住宅原是客家人人丁众多的家族居住模式。他们到四川后，家庭单位变小，用不着如此九族聚居的场所，于是，有的殷实人家便去掉后面房间众多的围屋，仅保留足够使用的中间"三厅"住房。"三厅"即中间正厅，左右屋后斜坡仍以土坎形成半圆，上面栽上竹子、树木以象征围屋，目的仍是展现让中间方正，上、下半圆的吉祥圆满之寓意。风水上也认为宅基方正、圆形朝前为大吉。说到底，古人选址造屋，风水是具有决定意义的。"宁信其有"是过去时代普遍的信条，与今人的心态和看法不可同日而语。

叶家烧房其实仅为中小型民居。称它为大瓦屋，一是相较当地遍是小型"双堂屋"而言，二是此房为瓦作，比一般房屋又多两厅，不称大瓦屋又该如何叫呢？值得一提的是此屋所用之瓦是烧瓦。叶发祥老人介绍说："过去烧瓦用谷草，窑温低，用草量大，一次装不了多少瓦坯不说，还要烧七天七夜，所以瓦特别贵，一般人家是不敢轻易盖瓦房的。"

走马街上一商宅
（走马街 35 号）

春熙路的商人家住何处？世人少去想过。那么昂贵的铺面与陈货空间，若作居家住宅，岂不是把银子丢到水里头！所以历史上春熙路商人的住宅多在周围的街巷中。

走马街和春熙路仅咫尺之距,在南向延长段上的现 35 号为原彭家院子。宅主开店设铺于春熙路经营绸缎,这个院子即为其住宅。市井商家住宅之精要首先是安全。一是怕偷怕抢,二怕罹火毁宅,三怕潮湿货物。余下才是住宅的法理遵循。彭宅四围火砖砌墙,墙体高厚,正箍了个长方形。正房两侧有山墙高出屋面的"猫拱背"造型,是风水相宅山墙形式"五星形体"中"金"的含意。墙下与正房侧留有火巷兼去后院的通廊,亦是成都民居中常用形制。如此砖作用功,乃首为安全计。而趣味和特色在于后院高出地面一米的仓库,同样以砖作墙且更厚,房分上下两层,以木板相隔,上堆放布匹绸缎,下放木炭、石灰等吸潮之物。整个建筑形体简洁,正正中中摆在中轴线上,其间令人隐约感到宅主建房建库欲求万全之策的良苦用心。而把库房置于祖堂香火的后中,也是力图万无一失的保障。

不过,为了更好地享受,就要把住宅整得珠光宝气、极度舒适。因此,院子自临街头道龙门进来,又是石砌砖雕的二道龙门。门楣有象征祥瑞之意的"紫气东来"题刻。再进去则是门厅,有镜面退光的黑漆屏风一堵,左右形成屏门,屏风上有麒麟身人首怪兽符镇图一幅,为土漆堆积凸出,沥金制线,工艺十分传统、讲究,在民居留存于世者中极为罕见,意喻逢凶化吉、保宅平安。

核心空间自然是在天井四面。面向天井的正房、堂屋、厢房、诸壁柱,概为雕中有刻,件件俱精。图案或花卉或翎毛,均围绕福、禄、寿、喜四方面寓意展开,且全用黑光漆,精丽之中透出光亮,正是清以来成都财力雄厚人家好此色彩又不违"法"的色彩应用,不仅保护了木质,其黑色的祥和又营造了安静的居家气氛。唯显"啰唆"者是雕饰显得琐碎及粉彩过艳。虽为局部点缀,但到处都是星星点点,也就露出发财人唯恐不能露富的俗艳,同时亦对比出一般商人与儒商在住宅建造上的文化品位和修养来。以此与今日同类相比较,又何其相似乃尔。

以梁思成、刘敦桢为首的中国营造学社中,有一员主将刘致平教授,20 世纪三四十年代曾对成都城乡民居做过若干实例调查,认为"这里的居民工巧逸乐享受多端"。此语可说是全面地概括了成都住宅与人的关系,即普遍讲究住宅精致的实用性和装饰的多样性。彭家院子虽仅是一般商家宅院而已,但于此亦可见一斑。成都民居中的大宅,动辄十多个天井并有花园格局者,也为数不少。

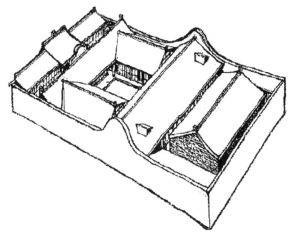

/◣ 走马街 35 号彭家院透视示意图

/◣ 走马街 35 号彭家院

像过去城内东北隅双栅子街西向的朱财神府、南府街周道台府等，在建筑上均是难得的官僚府第，不仅房屋本身功能齐全，建造精良，花园部分据说还是清中叶浙江人顾氏设计的，是江南园林流传到成都的例子。以此再比较彭宅，后者则更是"小巫"之所了。

风姿绰约小姐楼

（王家坝街44号）

在男女授受不亲的时代，青年女子受到诸多约束，在衣食住行上均有成文与不成文的严苛要求与训诫。于是民居中把少女活动限制在一定空间范围的建筑随之产生。这便是小姐楼之缘起。这一来遂使小姐连同其所在的楼，与社会自然有了一种距离。

小姐楼又叫闺楼、绣花楼，在传统民居中原则上是不能冒犯中轴线的。又因其谓楼，故平房少见，多建在住宅的四角。毕竟安置的是家中千金，小姐楼不仅高朗，且装饰优于其他房间。门窗、柱撑、廊道、栏杆、花罩一并精心布置，多有雕刻，华丽者尚有套间，流光溢彩，沥金粉色。而样式更是难见有雷同者：歇山、庑殿、攒尖、悬山、硬山诸式均有，还有辟出一角改置、加宽挑廊封闭等方式。这就在民居中出现了最敢打破建筑一统的"花样"，犹如少女在一个封建家庭中最敢打扮得花哨一样。所以，小姐楼一般形貌特征明显，一看便知。成都民居中的小姐楼数量虽不是太多，然形式殊异，十分别致，不仅显示了家庭的经济地位、文化素养，还烙上了时代印记。像义学巷40号小姐楼，歇山式屋顶充满了浓郁的传统色彩，由此可想象主人信奉的是传统行为准则。再纵观整个庭院来分析，宅主之经济水准不过中上，宅大致建于清末。而王家坝街44号小姐楼，则一切都在破坏着传统规范：不规则的四合院正房左侧砌了个有点西式味道的八边楼，上面恰又顶了一个像亭子似的八角攒尖顶帽子。似嫌不过瘾，又从楼左侧挑出一个传统廊子。如此一来，虽然格调显得不中不西，但却给人以宅主属于那种文化不高胆气高式的人物的感觉，故可推估宅主按经济实力当是当时的"大款"，建宅时期亦在新旧文化激烈交锋的20世纪二三十年代转轨时。前面讲到小姐楼不能建在中轴线上，乃是建筑上维护尊卑有序的宗法伦理秩序的反映。成都民居中尚还鲜见越轨者。但仁寿县文宫乡大画家石鲁之叔住宅，就不仅敢把小姐楼正正中地建在上下厅之间，而且下面还形成了一个"门洞"，人去堂屋必由"小姐"身下经过。这种冒天下之大不韪的背叛，无疑是家族在特定年代动荡的"建筑表现"，所以产生出青年时代就强烈追求民主思想的石鲁（画坛巨匠冯亚珩）、冯建吴这样的大画家也就不奇怪了。

/⋀ 王家坝街 44 号小姐楼

　　小姐楼是过去具有一定财势的人家在住宅营建中的小品建筑。一般人家姑娘的住宿安排犹如当今三室一厅的格局，于其中找一间合适的就行。更多的是众女眷合住一间，或未婚女子与婆婆同住一间甚至一铺，也就得过且过了。

　　小姐楼因其格式精致乖巧，颇有风致，楼中免不了种种闺情闲愁，故历史上从此间衍生出不少趣事艳闻。加之此为闺阁禁区，重帏之内，纵有"家丑"亦不愿外扬，而外人好奇，举一反三，联想有加，虚实相生，为此常把小姐楼渲染得神秘莫测。这也是社会距离产生流言蜚语之必然。至于距离是否产生了美感，则不敢妄断。但我想，倘若把小姐楼变成碉楼，变成男人的书楼，人们的龙门阵恐怕就没有如此香艳了吧。小姐楼之所以往往成为一种风流香艳的话题，很大程度就在于小姐楼这种建筑比较一般住宅而言，常常做得太精致，太富优越感，无怪乎其常为世俗所不容。当然，由贫富差别滋生出的以讽代恨的反感心理，也不能不说是构成人们在看待小姐楼这样的民居时，所具有的复杂心态的一个重要原因。

"康居"有株银杏树

（草市街"康居"）

　　成都人和重庆人说树：成都人说重庆的黄桷树爬到岩上长，弯弯扭扭，又不结果果，外搭不能栽到院坝里；重庆人则说成都的白果树，好看是好看，却公不离婆，秤不离砣，红黑要一公一母栽到一堆，否则就不生儿。二位仁兄话虽俗了点，倒是大白话。不过重庆仁兄恐怕调查欠周，成都白果树也有单株雌树结果的。

　　白果树又名公孙树、银杏树，是一种雌雄异株、叶呈扇形的长寿高大落叶乔木，往往要雌雄相距不远栽在一起才结果实。所以成都民居以庭院为最，多栽有两株银杏。恰草市街康姓庭院"康居"右后侧有一株高大挺拔的银杏树，此树年年枝头挂满银白果实，秋收之际真是乐坏院中老小。尤其在听说青城山的白果已涨到40块钱一斤时，他们更是掩不住一脸美笑。"康居"新中国成立之

/∧ "康居"的银杏树

初即已易主，据说此庭院与树同龄，故测宅制与树状，宅与树至迟在清末就有了。当时仅栽了一株，也不知雌雄，更不在乎打几颗白果吃，全为遮阴、好看，还欲以树寿祈人寿，图个吉利。后来见其年年结果，殊为怪异，人便以单身女人也生小孩相揶揄，民间遂以讹传讹言送子娘娘下凡，有迷信之人还在树下挂红布、祭香蜡纸烛、上供果等，不一而足。

不过，成都人喜栽银杏树全不在是单是双。上述对单株雌树结果如此这般的戏说，倒是由树生发而出的一种民间文化。尤在栽银杏树适成风气的成都庭院，可以毫不虚夸地说，这更是把民居和自然生态的结合推向了相当美妙超前的境界。难怪有外省人说："庭院路道栽银杏树为成都好民风之首。"说得确有道理。

单说这"康居"，只因了这株银杏树，庭院气氛便大变，宽大树体如靠山一座，居高临下，虬枝如臂，千枝万叶张开，像母亲怀抱婴儿般呵护着庭院。这个由二进四合院串联的空间，随处抬头即可与树相顾盼。特别是四季变化无穷的树形，更是蕴含着丰富的情感：春来万点新绿驱赶冬的积郁；夏来又默默抵御着炎日酷热，把芬芳的清凉洒向天井、房间，万千小叶子同时扇动，招来清新和惬意，更把大风分解成微风，把微风浓缩成凉阴；就是秋来叶子离开母体，那眷恋之躯贴紧屋面，卧满天井，有时竟还执拗地飞向房间，似怕人们忘记，它们以色彩中最耀眼的金黄提醒你，纵然坠落，也是瞬间灿烂；最后剩下一身铮骨，也要变成漫天线段，有如吴带当风、曹衣出水……线条的世界和抽象的深渊……

都说成都人精明、细腻、娟秀，却竟在庭院里竖起一个伟岸粗犷的图腾，建构起一个完善素质的信仰，营造出一个居住环境幽静优美的小生态。其窥造化真趣，得康居之乐，自有一种潜在的豪迈秉性在，缺的是再往纵深掘进。若能以更大气魄，让银杏如同森林般地与一切肆虐空间者争夺空间，四季便绝不会仅以小情小趣青睐一个庭院，而会将更为宏美的风光呈现在人的眼前，让自然怀抱中的民与居，皆相得于清新洁美的理想氛围。

"友庐"来历点滴

（小北街 52 号）

"没有听说过，某人发了财、当了官还给下级修幢房子的！""有的是。远一点的范傻儿就给佃客修了好多的砖瓦房，近在眼前也有这种人。你不信？"成都盛夏傍晚，街边乘凉人常有龙门阵摆得大声武气，争得脸红耳赤，引得过客围观的。这不，眼前不是便有一老一少互不服输，正在为有钱有权人是否会给下级修幢房子，展开一场"嘴仗"吗？我也是个"蚂蟥听不得水响"的人，热闹中暗暗记牢老者最后道出的街道名、门牌号，目的是想试一试老者是不是冲的"干壳子"。

第二天我径直找到了小北街 52 号，急忙抬头一看，果然如老者所说，门额正中嵌有一石，上书阴刻正楷"友庐"二字。"庐"为舍，即住宅。姓在"庐"字前，即指明是谁家的住宅。然而百姓中极少听说姓友的，难道真是下级之庐？狐疑之中，我"私闯"民宅，引来一中年居民善意盘问，经解释，他转而为我叙述这"友庐"的来历。

"友庐"原为一宽厚商人给管家建的私宅，因管家姓沈，故又叫沈家院子。管家理财有道，精明忠诚，主仆相互笃信，以友相待，故主人专为之赠宅一幢。这里姑不论赠宅者是否系以宅进一步笼络人心，或确实是受"为富当仁"动机的驱使，一个活生生的事实是：上级给下级奖励了一幢房子，不仅门额上以友相称，且其后还冠以"庐"字，以表谦恭之意，因"庐"本义为"简陋之屋"，可见其间交往的一段佳谊。至此，"友庐"之命意也就有了一个较圆满准确的答案，证明了老者冲的确实不是"干壳子"。

不过住宅的用场说来区别很大。有的还有阁台亭榭、山石林泉配置等。"友庐"仅干巴巴的一个大房间，再分四排三间。前面左右各有保姆、车夫门房一小间。这即是说，宅内考虑到了除睡觉吃饭之外，还内有保姆料理，外有车夫紧跟。但若想于其内娱乐消遣一番，空间便给予了极大限制。从面上看来老板考虑可谓周到之至，实则也深藏着用人的良苦之心。

中国民间建筑，无论民居、宗祠会馆、寺庙道观，在建筑产生之前均有一个酝酿得很成熟的过程。这个过程可以说辐射到方方面面。而反映到社会民风方面，尤是纠葛缠绕。成都市井民居，不少围绕商业活动展开，建筑形制、格局、空间组合等，多多少少受制于商业行为，这恰是传统建筑文化一些非常漂亮的层面。"友庐"章法仅是其间小技而已。

乡情浓郁客家屋

《邓小平在赣南》一书中，说到了邓小平1972年12月和夫人卓琳重访瑞金一事。东寻西找，他们终于找到了建于1851年，名叫"白屋子"的一座典型客家民居。红军时期邓小平就在此屋办过《红星》报。书中说这座民居"中间的大厅分上下两厅，大厅左右正房旁边各有5间侧房"。书看至此，不由忽有所动，脑幕里渐次呈现出一幅幅我们四川客家人的民居来。

明末清初，大量外省移民来到四川，其中有一支来自广东、福建、江西三省交界地区的移民，多为客家人。300年来，他们相对稳定地居住在川内38个县、市，由于笃信"耕读为本"的传统思想，不少人至今还保留着祖籍地的风俗习惯和语言。而像民居这样大型的风物，也基本上按原乡地风格建造。这就在各省移民建筑中显出其独特个性，成为川中民居自成体系的代表。

四川客家民居，除了没有发现土楼中的大型圆楼，诸如方楼、"四点金"碉楼、围垅屋、二堂屋等，均广有存留。虽受到其他省民居风格影响，但其基本格局、空间组合、体貌特征，仍较全面地继承了客家民居风范。邓小平在赣南瑞金办《红星》报那座房子即是客家人所说的"二堂屋"，堂同厅，上厅、下厅即上堂屋、下堂屋。这种建筑近在龙泉驿五乡，远在简阳、隆昌一带都有广泛分布，而这些地方正是川中客家人大分散小集中的区域，不同者是建筑体量、面积、房间多少之区别。像《红星》报驻地堂屋左右各5间共11间的正房，川中就属少见。常见的是那种正房3间的小型民居，恰此正是二堂屋最为正宗的原始形态，也在原客家祖籍地分布最多。后来虽然有些人家因经济与人丁的发展而增加了左右房间，但割据格局仍然没有变化。这种二堂屋的格局，龙泉驿五乡一带谓之"硬八间"。具体而言即是：中为天井，正房三间，下堂屋（兼门厅）及左右房三间，左右厢房各一间。厢房多不用板壁封闭，其空间开敞亦

/Λ 成都龙泉驿二堂屋的原始形态

是川中二堂屋特色。原因就在于四川日照比东南沿海少，更需要光照和空气流通。还有一个特色即是它几乎都是草房，说来似乎有些寒酸，常引得川内其他地区人士的嘲讽。其实，建筑材料不同并不等于此间经济能力低于川内其他地区，这多半是川西缺煤烧瓦砖而就地取材形成的。所以"茅草房里腊肉香"，在知情者中几乎成了流行的调侃。这种川西草房乃是民居中一大特色显著的制作，既有不少花样翻新的技艺，也有诸多使用功能上的优点。至于说它最大的缺点是易着火，还有外观寒酸、见不得客之类，则显然是一种文化认识上的偏颇和狭隘。想想看，如此大规模形制统一而又变化多端的草房民居集中在一个区域，本身就是一个大人文景观，加之它丰厚源远的历史内涵，这就是在国内乃至世界显露出它不可取代的建筑及文化特色了。

话又说回来，就是将草房改为瓦房，将其从乡村搬到城镇，也不能没有章法。倘把居住建筑同时当成视觉享受，深沉一点便是艺术，样式多一点，外形美一点，能延续传统文化内涵则更好。人一旦"衣食足"，其后必然要向精神空间的深度追寻，在居住方面自然亦绝不会满足于全部都关在千篇一律的"火柴盒"里。于是在庆云南街附近，有一家大概是从乡里搬进城里的客家人，便以砖瓦取代了草顶，只是其框架、空间、外观仍是地道的二堂屋。我想宅主在尽享其祖传文化时，无形之中又给成都民居添了一种花样。局外人一看，也一定会留下"和其他民居不同"的印象。

石灵乡间一碉楼

碉楼（俗称望楼）是建筑中一类特殊的空间形象，它和防御、战事直接相关。成都牧马山出土的东汉画像砖之大型庭院画像中，就见有碉楼的原始形态。可见成都地区碉楼历史实是源远流长。

四川盆地汉族地区现存碉楼，几乎均在客家人聚居区。这自然是承袭了其祖籍地好建碉楼的习惯。成都近郊客家人是否也有这等兴趣？石灵乡双林村有这样一个碉楼，它虽历尽沧桑，仍耸立于茂竹修篁之中，十分难得，在成都恐怕仅此一例，从中亦可窥见清以来成都东郊碉楼的建筑景观。

/Λ 石灵周家院子土坯砖碉楼

碉楼和住宅结合在一起，泛称碉楼民居。但其有个规矩，即不能建在中轴线上，中轴系列有大门、祖堂、神位。碉楼所居者不过宅卒、家丁等，他们是保护中轴空间及内部居住者的。所以，碉楼都建在住宅的四角，里面空间相通，结构相互作用，防御与居家功能，结成一体。双林村周家院子继承客家风范，把碉楼建在院子的左后角，即四川常说的"转角房"位置，是防御上视角不甚周全的角度。若其他三角不建碉楼，住宅就会有死角。如此，其中道理恐有三：一是只防不御，兵匪打来了龟缩其内，以避暂时；二是目的根本就不在于防御，而是体现对祖宗建筑文化的一种"图腾"崇拜；三是实用美观，上可改置小姐楼、读书楼、库房，用以贮粮种、打牌赌钱，均较秘密。且楼体高出其他屋面，"四坡水"歇山瓦顶又是屋面多样的一个方面，或称类型，与之相属的还有戏楼、祠堂、园林，甚至作坊等等，是小农经济"万事不求人"发展到极限的一种空间表现，亦是非常漂亮的构作。

周家院子碉楼民居主体庭院是三个天井的"双堂双横屋"空间，均为泥坯墙体。碉楼用小青瓦覆盖，屋顶四角伸出斜翘，碉内分三层，有楼梯上下，四面有枪眼。

清以来，龙泉驿地区总体而言还是较为清静的，虽时有零星匪盗，终未形成气候。清末红灯教农民起义时，"廖观音所部义军在省城近郊一带十分活跃"，因此，大户人家建造碉楼以防御，也并非没有可能。

唐昌"广居"东街梁

老而有意味的民居往往难寻，但偶然间也有所获。有个郫县①人士告诉我：唐昌为原崇宁县治之地，东街有吴家巷，里面左右排列着不少清代小院，堪称古色古香。我急忙跑去一看，果然言之确凿，小院美不胜收。更巧遇5号"广居"梁家院子后辈78岁的梁姓老人，我俩边叙谈边里里外外观览一番之后，又至北街诸巷畅游，最后酌酒于一老宅厅堂，很过了一天对民居的观谈品评之瘾。

---

① 今郫都区。后同。——编者注

∕∧ 东街梁"广居"内戏台（前窗为后加的）

据梁老先生讲，他字辈上属梁姓八代，先祖梁惠乾隆年间入川垦殖基业，于三代梁维手上大发，时有田土9000余亩，为崇宁第一大户，约道光、咸丰年间即着手兴建"广居"宅院。"广居"即取"湖广人"与"大庇天下寒士俱欢颜"的双重含意。时梁家已成九族之盛，还在北街等地营造住宅，故俗称有"北街梁""东街梁"之区别。"广居"即为"东街梁"宅院。后到梁老先生祖上时，仅有600余亩田地了。其祖辈养马喂猴玩性尚烈，家道遂渐渐衰落。

"广居"系清中叶营建。当时，不管有多少田地作后盾，无功名者建房时也仅能按一般老百姓的住宅要求而为之，故四个天井旁的诸间房屋均有严格的造房法式来约束尺度，显得低矮，但亦有几处与常见住宅不同而尤为引人注目者：一是开门，二是窗作，三是戏台。

历来住宅多开门于中轴线起始端，且正对厅堂。"广居"犯忌，于右侧正厅与正房间厢房外开门，其理何在，尚不可知。然而各间开窗却是值得称赞的。特点是有房必开窗，且窗多窗大，工艺朴实稳健，花饰适度，没有暴发户炫富的重雕累刻。尤其是正厅正房两侧次间窗作，做成一个房间一扇大窗，窗宽至少为 8 尺，不能启闭，似为轩榭意趣，颇有园林风范，文风拂拂而又为各房间提供了良好光线。加之各房均作"地楼板"，实则为古老干栏式遗制，把人的起居全木结构架空在天上，故虽低矮却仍有飘然之感。再则是正房和后房的花园，现虽种了些蔬菜，仍显宽大空敞。梁老先生说：过去此间植有假山花木芳草之类，加上后房中尚有戏台一座，乃是整个住宅布置的精华部分。戏台置于宅中，并以歇山屋面区别于住房，原是川中乡间绅粮过去的一种奢侈与文化追求，多少给建筑带来一些创造性。

另外值得一提的是，宅中水井四壁卵石的围砌，梁老先生说这是过去石砌技艺高超的羌族匠人所为。井壁上大小相同的卵石，层层错叠犹如鱼鳞。其选料、受力、工艺、文化均融于匠作之中，十分漂亮利落，为汉族宅院建筑的文化美增色不少。由此可以推测：成都平原各式墙作、屋基，凡涉及碎石之类的垒砌，其工艺精湛者均可推及寓有羌人智慧在内。有关典籍对此载述多多，足见羌族匠人对传统建筑文化有不可磨灭的贡献。

成都市井民居窗口

寻常百姓门
（大同巷4号门）

成都虽处中国西南一隅，民居说来源远流长，在中国古建史上也占有重要地位。商代十二桥就有干栏式居住建筑出现。规模辉煌的住宅见于牧马山出土的汉代画像砖，它的繁荣一直延续到明末。这时战乱、瘟疫、天灾几乎绝尽了成都民居。清初"湖广填四川"，各具南北风格的民居再度在成都兴盛。所以，现在的成都民居几乎是清代以来的建筑。

现在的成都民居是什么模样呢？我们先从大门讲起。

门如人的脸面，无论什么地位和修养的人，在民居的建造上都会以门为首要充分的元素表现一番。有一次我从大同巷这条洁净幽深的小巷过，忽见几道古朴厚重的木构龙门相对错列在不到100米的路段上，惊奇之余，驻足小访，发现原来均是几户寻常百姓家中门。黑灰色的举架烘托出清末一般住宅仅能营造的制度。上覆小青瓦，为粗壮的木柱枋挑支撑，虽低矮一些，却没有盛气凌人的"大款"人家的装模作样，进去的人会顾虑较少，是成都民居常见的一种亲切之门。宅主往往是经济地位中下，又模范信守传统建筑规范的人家。这些门没有做作、修饰。"龙门阵"就是从这里生发来的。

火巷墙中门
（东糠市街75号）

国人办事，素来擅融汇，尤注重物质创造的精神意蕴。成都民居多有砖砌风火山墙，均高出屋面一截，本已起到防火作用。然先人们意犹未尽，还总是要在高大的墙体上做点文章。或墙面上灰塑一只大蝙蝠，以"大蝠"谐"大福"，寄托一种愿望。或把墙脊做得弯弯曲曲、起起伏伏。除寓籍风水外，还展示一派不可侵犯的威严，又有一番庄重优美。但利用两宅间山墙间隙巧作门洞，更以仿木屋面联系者，还不多见。以门拒贼防盗要门坚固严密，然门又是接宾迎客的"面子"，亦不可张牙舞爪。若得二者兼宜，像家大门，想来宅主和工匠是费了些心思的。它没有一点"洋味"，其间充盈着纯度很高的传统文化内涵，也是民间的创制，任何初来乍到者都会被它和周围的样貌反差吸引，并使它从众多造型的门中脱颖而出。

美人靠
（西二街14号庭院）

局部其实最浪漫。我们把情感和目光集束于它的一点——一处古典素雅的小构。它属于什么呢？几排木条子，弯弯的，不好给它取一个恰当的名字。长背靠椅？板凳挑廊？……其实它和这些家具都有关系。老百姓说，我们需要实用的但是也好看的，那弯弯成排的木条不就是美人的柔媚之躯吗？取个"美人靠"的名字多雅！

凌空陋巷小姐楼
（王家坝街4号）

陋巷小街上空，常有悬挑的建筑物出现，向空间争一道走廊，索一间小屋，

/⋀ 大同巷 4 号门

/⋀ 西二街 14 号庭院美人靠

/⋀ 王家坝街 4 号小姐楼

/⋀ 东糠市街 75 号中门

没有妨碍邻里，名正言顺扩地盘。万千此般小构，却无一家马虎者，多精心布置，或雕栏刻柱或镂花绣窗，既为美物，何碍观瞻？虽不少小有遮挡街面光线者，因美而容忍怨气，犹如话说得好听一点，对方吃点亏也心甘情愿。有民国年间道洋不土的西式小姐楼一旁再悬伸小屋一间者，虽材料东拼西凑，然满壁开窗以求采撷阳光的欲望，如仰起头等待光明的倾泻，自然易于亲和。得意莫过于楼中小姐，少女之心犹如阳光，无瑕坦荡，明净清澈，尤是娇媚万般了。

家家都有取景框

（西二道街 10 号庭院）

前厅兼门作廊，三位一体。恰如相机镜头，由此窥视内庭，内亮外暗。家家都有不同的门框，又恰似造型纷呈的画框，一条街于是成了展览庭院的绘画长廊。远远望去，庭院里的一切全都是局部的瞬间。动态的、变幻的一角一面，一门二窗，三五株树，二三簇花，心于是被逗得痒痒的，想从"画框"进去一览全貌。于是画框消失了，庭院显出琐碎，却多了些生气。

厢房作花厅

（镗钯街 40 号）

会客、宴请、行礼用的房间，民间称为厅。成都人尚高雅，好逸情，不少人家宅大宽裕，改厢房为花厅。此闲适空间如现今的一部分人，房间一多就想在厅上做点板眼儿以欢娱悦情，于是大小客厅、舞厅、电视厅、饭厅等应运而生。古人宅院亦厅房多多，不过，最轻松而富情趣者莫过于花厅了。它的原始由来我们不去追究。民间说"花"倒是颇有韵味。它相对"正宗"而言，即和中轴系列厅房相左，含"不规范"之意。亦可说花饰丰艳，真假花簇拥其间。更世俗一点理解：凡上不得正厅大雅之堂的骚说俏事都可以在此混"吹"等。所以，一般把花厅装扮得富人情味，不封闭得严严实实，开敞又明亮，并作花罩以区别其他厅房形貌。

岸树参差若有情

（南河边露天茶铺）

不知是成都人对府河、南河的情感太深太笃呢，还是河流离不开岸上子孙，无论河臭河枯，那两岸的茶铺非露天摆置不可，否则不足以表达双方的痴情。

/⋀ 西二道街 10 号庭院

/⋀ 镗钯街 40 号花厅

/⋀ 南河边露天茶铺

只要有棵杂树，那虬枝弯梢之上立刻就有人搭棚建廊，树下路旁搁几张桌子，于是茶铺就开张了。河、树、棚、桌之间，人影晃动，喧声嚷嚷，居然还营建起天融融、地融融，人也乐融融的气氛。

东城拐街府河边

过去有很多人家，门朝府南河开，内是四合院，可以想象府南河水质清澈可饮时，几株杨柳，几株桃李、芙蓉，那居住环境是何等迷人。想来人接受现代物质文明之时决然不会拒洁美于门前。诚然，农

/⋀ 东城拐街府河边

业时代造成各家各户把府南河割裂"瓜分",家家"拥有"一段河。而如今改造之关键在于河岸不再建房,即把河流归还给整个城市,让所有城市人都直接面对自然。桃红李白,浓荫如盖,清流欢畅的府河空间一定会再现。

画一般的屋面
(冻青树街屋面)

　　展开成都区域地图,发现一切皆有条理。方中带龟背纹样的道路如宇宙图案般神秘,而被分割成小块小块的格子,则被屋面占据覆盖。黑色的小方块是天井,巷道是一条线。绘画形式构成中不说是点、线、面、色的有序组合吗?天井是点,巷道是线,屋顶是灰色的面。所以大家都觉得很好看,像一幅画一样美,大概道理就在这里。若是一场大雪下来,屋面银白一片,这种关系就更清晰。日本绘画大师东山魁夷曾惊愕这大雪覆盖下的人间,画了很多动人场面,

/⼋ 冻青树街屋面

虽不少是日本民居，但处处流露出中国原汁原味的灵感和影响，这是何等美哉
壮哉的第二自然！现代城市高楼林立，屋面"原野"被冲破，山一般对峙形成
深壑与山谷，人流山洪般咆哮。一个奔腾的时代将彻底荡尽清潭般宁静的屋面。
若有飞雪，还没有落到谷底，半空中就融化了。

府河边上吊脚楼

干栏式民居，川人俗称吊脚楼。"吊"者，从脚基上悬空成楼，古时广泛应
用于南方河流湖泽之上，好处是避潮湿虫蛇。成都十二桥殷商遗址就有吊脚楼
原始形态的发现，可见其形制由来已久。府河岸上吊脚楼多已把楼下支撑柱锯
掉，楼下空敞的河岸泥坎经历年改造，不少段落已砌成石条堡坎，然后楼置其
上，解决了支撑柱易于腐败、倾斜的弊端。这类改造形体虽没有支撑柱的飘逸、
"画味"，但安全性能朝稳固方向走了一大步。画家觉得它太规范和实在了，老

百姓却说住起来更放心一些。艺术美和建筑功能于是有了对立。于是有的人家种了些金银花、"爬壁虎"和瓜豆等藤蔓植物。它们攀附于楼、堤之间,破了石木之间呆板的直线,无形中调和了艺术家和建筑师之间的矛盾。百姓、画家、建筑师都皆大欢喜了。

东门桥头"大杂院"

桥头建筑历来是商家竞争的要地。仔细回忆府南河桥两头的若干建筑,均是构图奇险、悬空勾吊的"神品"。何以桥头成为建筑争奇斗艳之地?可能是因为桥为人流集中通道,自然易于出生意,那么桥两头空间则寸土寸金了,能多占尽量多占,于是衍生出桥头建筑大小参差不齐、空间相互穿插、形貌勾肩搭背的"杂乱"而丰富的景观。再加之建筑均有一面临水,全暴露在河岸之上,高度加倒影,丰富加灵动,若有船帆飘动其间,那么,各类反差的空间组群汇于一体,犹如《清明上河图》中景象,人热闹建筑亦热闹。

抵拢倒拐十字街
(红石柱街街头)

十字街头、丁字路口,成都老街棋盘一样的格局遗下多少这样的交结点,留给外地人多少"抵拢倒拐"(四川方言,一般指走到路的尽头,向左或向右改变方向行走)的迷茫。如同北方人指路"往前走,再向南,再往东",在方向感上与南方人大相径庭。川境少平地,成都客四方,成都人煞是不甚习惯东南西北,干脆指给别人"抵拢倒拐",或者再"倒左手""倒右手",算是仁至义尽了。可见古往今来城市规划会影响市风,滋养民情。

如今的老街沉寂了,清静了。不妨留它一片迷茫,留它一片昏朦,让外来问路客在"抵拢倒拐"的困惑中,获得一段永恒的遐想。

∧∧ 府河边上吊脚楼

∧∧ 东门桥头"大杂院"

/|\ 红石柱街街头

小巷深处窥大街

（红星中路 279 号）

　　一般来说巷静街闹，但太静太闹都不是道理。太静生空寂，太闹出毛病。人就是奇怪，要闹中取静静中窥闹方才舒服。有小巷和闹街相衔接，巷深光幽，汽车进不来，稍有喧哗，即刻人心骚动。外面的世界太精彩，人不能长久封闭在与大街隔绝的环境中，所以，多少巷道人家常把耳朵竖着，眼睛睁着，透过巷道与街连接的口子，时时刻刻注视着大街的声响，大街的动态。打个蹩脚比方：若城市是社会的大脑，街道便是神经，那巷子呢，则是神经末梢了。

平街小楼刚适合

（油篓街 64 号）

　　话不在多，点到为止。文章此理，建筑亦然。不管是房老板的隐秘显富心

/⋔ 红星中路 279 号

态，还是建筑工匠借他建房"打广告"：在平直低矮的古街上耸他二三层的"高楼"起来，犹如今天一个中型企业位于街旁的大厦，兀立街头巷尾，惹得一时沸沸扬扬，此房成为舆论热点，房老板、工匠心里得到满足，同时振奋了街巷人心。万事怕沉闷，一条街上大家一样高，看似相安无事，若于此厮守百年，该是多么淡而无味！要的就是此般"冲客"，条条街都错落有致地"冲"他几幢起来，于是市井灵动活泼了，人心也由蛰伏转而启动。

/⋔ 油篓街 64 号

街口有墩"洋房子"

（桂王桥西街街口）

　　成都老街头有不少房子喜盖庑殿式屋顶，房主心态是饶有趣味的。而屋顶上冒一截壁炉式的烟囱起来，青砖屋身，西式窗户，其上有若干撑拱托挑枋，使得屋顶四角上卷。如今，这种土洋结合的"怪物"诚不多见了。其实国人外为中用、古为今用的融汇力堪称举世无双，人们的修饰力表现在对尺度的准确把握上，是整体思维能力忽略细节的再现。

连排民居一当头

（文庙前街7—13号）

　　川话"当头"音读"荡头"，房子当头指"屋角角""边边上"。当头之妙在于少干扰，老房子隔音差，当头间只有一壁传音，干扰自少一半。如当头不

/∧ 桂王桥西街街口

/⋀ 文庙前街 7—13 号

在楼梯口，自是最后一间。别人进屋不会从你房间前过，只有你天天来回"检阅"众家人，做点啥事都方便。当头外观最好看，弯弯曲曲的山墙脊凌空从街边向上翘起，那比例、那尺度做得无懈可击。那脊檐、那泥塑大大方方，流畅而不拘泥。这样体面的装饰在当头，其境雅致，自得心情舒畅。

充满联想的屋面
（东升街屋面）

春风得意，阳光和煦。城中少年放风筝无去处，索性爬到高楼顶。眺望万万千千纵横交错、清一色的瓦屋面时，犹如人海中寻找母亲般机智和渴望，很快就本能地找到自家屋面，找到自己的家。这种宝贵的空间想象力，是多维的思维层次，也是逻辑的形象化和创造思维的萌芽，能在纷乱的现象中理出有序，表现出对问题的思索和处理……几千年下来的老房子，作为文化，影响就太深了，可以说融进了血液，但不是深不可测，孩子们就测到了。

庭院厢房与门饰
（走马街 35 号）

童年不谙学问，常听父母言厢房，以为是有香味之房，久闻不得其香，然留下美好印象，留下关于民居浓浓的记忆。厢房之谓亦是民居若干名称中最具书卷味的，其实它就是正房前两侧的空间，所谓"一正两厢"便是，过去为晚辈居室较多，也有作客房、书房或作他用的。有的厢房的雕饰比堂屋还华丽，照笔者浅见，厢房既为晚辈居住，上辈自然钟爱有加，顺其好漂亮、好热闹的爱好，来一番花花绿绿的打扮，也是情理之中事。当然钱多、文化又欠缺者往往打扮过头，把门窗雕得过碎过繁，色彩涂得过艳过浓，唯恐别人不知道他有钱。走马街 35 号为一商人宅，正是从古至今多数商人的俗端。

/⋀ 东升街屋面

/⋀ 走马街 35 号

灶君庙街灶君庙

把寺庙坛观建在街道旁，你烧你的香，我做我的生意，井水不犯河水，相安无事，各得其乐，风气蔚成景观，唯川中最盛，成都之烈亦为各城之首。"啥子都弄到街上来摆起。"建筑如人，同是此理。

门的艺术

这是美丽而不是漂亮，吴冠中说美丽是独特天然的形式。虽然此家庭院被搭建棚房占去几分，却丝毫没有搅乱满庭祥瑞喜悦的气氛：隆冬如春，小竹顾盼，相互依偎又五彩流韵，一派家的温馨，一种东方文明特有的神圣。而传导渲染这一诗情画意境界的，首先是视觉中心的格扇门。它仅在上部窗心位置用红纸蒙贴，再以白纸衬底，一下就把门窗的形象托出，造得似乎满园五彩缤纷，但却毫无甜俗、喧闹、花哨之感。这是很了不起的艺术。

假得"资格"楼中门
（江南馆街 8 号）

20 世纪三四十年代，国内大批建筑学泰斗来到成都，对成都民居的大门产生浓厚兴趣。和梁思成齐名的刘敦桢教授说成都民居门："小者一间，大者三间，皆以挑梁自柱挑出约 1 米（一架）或 2 米（二架）不等，挑梁之前端则施以莲柱及各种雕饰，敷以金箔，外观自成一格，尤其壮丽可观。"照片中的门虽以过街楼充当，但仍有刘教授描述的韵味，有半间之宽，且双挑出檐，皆有柱雕枋饰。在那个遍是平房的世界中，也算是壮丽可观了。尤为混淆视线的是，经如此这般装饰，极易忽略"门"上住有人家，忽略是过街楼的构造。由此可见装饰于建筑的表现力和修饰性。

/⼋ 灶君庙街上的灶君庙

/⼋ 四川民居中的门

/⼋ 江南馆街8号

幽默的亭子门

（大邑邨江刘祠堂）

在小镇邨江漫步，随意拍摄街景民趣，竟引来群童尾追，中有一童急呼："这些要不得，我们刘祠堂好。"我对此童"雅言"十分惊疑，亦尾随而去。果然刘祠堂以亭作门，怪异又别致，默数川中建筑，似为仅见。

祠堂貌似公房，多为本姓客人暂居，亦有长住者。各类祠堂大门均有不同凡响之为，以强调族规的森严。然以两重檐六角亭嵌入四合院权作大门者，实在有幽默之感。揣度其为，恐怕是刘姓长辈们笼络族人的朴素戏法。亭子不是消遣娱情的吗？来此聚会绝无族规苛严的气氛，大家尽可欢欢喜喜。自然，这种大门不可能在封建制度森严的清代出现，恰是这种制度土崩瓦解的民国年间在建筑上的回光返照。最值得玩味的是说刘祠堂好的那个"雅童"竟然有如此惊人的建筑审美感受力。

自成楼廊为一统
（水井街 118 号）

街道转弯处，左右逢财源，艳羡了多少过客。楼下开店或出租，楼上居住有书房，还置栏杆成走廊，若疲倦则凭栏听市嚣洗耳，红男绿女再悦困目，惬意之境可想而知。若四排三间店面收入稳当，想必自成楼廊为一统，多读几段书也是雅事。然真正大儒历来视民间大俗为大雅，街旁民居，千秋各异，看似俗陋，构架单薄，其背景文化尤深且厚，不正是那纤纤木框框的一种张力吗？

/∧ 大邑邮江刘祠堂

/∧ 水井街 118 号

素净小宅百姓家

（玉皇观街54号）

钱之魔力使临街小民不少全家困缩楼上，揩不完三伏热汗，怨不尽数九严寒，何苦忍哉？楼下经商、出租已成店面。亦有顽固食素孤行者闭门死守清贫，把住闹市居家净土。你整你的快节奏，我行我的慢三板；你火锅、炒菜、蒸菜舞得欢，我门挂腊肉菜一盘；通衢大街蛊惑人心势利之浪，掀起一阵又一阵，终撞不开他家静闲之门。这也是繁市中的景点，是素雅平凡留给细心人或一掠而过或小驻心间的街市文化。

北门码头形一斑

以水路为运输大宗的古代，码头之盛至满川江蜀河。煌煌然万里江河岸，石砌建筑辉映城镇码头水埠，工程之大，技艺之美，因其脚踏水浪，不可居人而有高耸之貌。成都府河、南河码头，虽河浅岸窄船小，比不上乐山、宜宾、

/\ 玉皇观街54号

/\ 北门码头

重庆、万县^①、涪陵等大江大船大码头石砌技艺的庞大精美，然如小家碧玉，自成细腻严谨，不为仅实用的工程局限，此成都历来人文之风蔚然之一斑。北门码头可谓最后消失的"码头古典"，石阶、台面、堤坎、民居皆与防洪共思礼让。

店面同门
（大墙西街裱画店）

寸土寸金的成都地皮，要想舒舒服服弄一大块，宽宽绰绰地修幢房子又兼有铺面，没有相当财力是不容易的，这就导致一丈左右宽的铺面家家相连。

不要以为窄了一点，很多还兼作门道，故又叫"门面"。为了留条小巷过路，货柜往往摆个曲尺形，前店后宅形制在成都发育非常充分，而且几乎都不把门和铺面隔断，为的是给买主有个宽大空间的良好感觉。如果是手工作坊，如下页左图所示的裱画店，更是三位一体，把空间利用到极致。货卖堆山，铺面小，堆砌叠放向高处发展，易造成琳琅满目、生意兴旺的气象，此时此刻有谁还去想"门"的概念，去担心商家如何进出？

大树荫了河岸家

屋前屋后能有一棵大树，又是高大落叶乔木，是居家的福分。树冠美，枝干俏，四季形体分明，色彩变化多端，和成都气候同步。你需要光线时，它叶落枝露，光影灿灿。你要浓荫时，它冠盖如山，清凉即至。这样的大树该有多好。金华街河岸这棵大树不知多少年了，据河对门原茶馆的茶客讲：树下即是最早的老桥，后被洪水冲走。大树和桥同龄，桥不见了树还在，也算是一种历史的见证。听此一说倒还对老树肃然起敬了，实用中居然寓有文化，怪不得它

---

① 今重庆市万州区。后同。——编者注

/ᐧ\ 大墙西街裱画店

/ᐧ\ 金华街河岸

这般傲然挺拔。而对府河呢？虽然污染得不成样子了，但那一如既往的恋情终不变更，一样把倩影投向它怀里。

不知何国门
（岳府街 31 号）

　　鸦片战争以来，西方建筑的信息逐渐传入内地。不过在国内建筑学尚处在萌芽状态时，很少有人说得清楚这些信息是指的什么国家的建筑。比如住宅：把门用砖砌高点，砌个花样，砌得有点像洋人的东西，说到底又何尝不可？至于学的是哪个外国，就管不到那么多了。此门像教堂门、别墅门也就无所谓了，牢固耐用为最重要。里面"瓢子"却是纯粹传统的，若读者有兴趣，选择一家推门而入，多数又是四合院、三合院的融融生气扑面而来，很快，你就忘却大门的究竟了。

/Ⅳ 岳府街31号

下厅内壁装饰

（新半边街 3 号）

陪一位外地画家逛街，他提出转冷背街巷，理由是"无娘儿天照应"。商业不去照应的地方，建筑的自我保护兴许好一点。果然，就在新半边街 3 号，两扇极不起眼的大门龟缩在僻静街旁，仅尺来宽的门缝没掩严，但是里面耀眼夺目的木制雕刻如红梅闹春，光泽闪烁，一下就把人吸引了进去。

里面天井很深，除下厅是三层外，厢房和堂屋均为二层。这在成都庭园小院多是平房的格局中尤显突出。但井深而不阴暗，处处明朗大方，则都得益于天井四壁的门窗空透。图示为下厅内壁，三层木作；门、窗、廊、撑，均作精细处理，多而适度，杂而有序，细不琐碎，精中显粗。不仅开拓了采光面，又展示了门窗雕刻技艺。木质均维持本色，不施金沥粉，反倒使材质熠熠生辉又朴质素雅。如此相互辉映，天井自然平添光艳。路人掠身而过，仅一道门缝照样抢眼，真可谓"动人春色不在多""满园木雕关不住"。

三合院得水中趣

干栏与水榭式的临河民居，因垂直河面，悬堤坎而置，于水面往往可望而不可即，似乎少了一些戏水乐趣。江南水乡、川中一些水边民居，多有小路、石梯、矮坎直铺河面，亦更有孤石、跳蹬、跳板延伸河中的雅趣。其上可洗衣、淘菜、扳罾、垂钓、挑水，诸多生活之便。而此般便利以临河三合院布置，最显得利用天时地利的周密。正房与岸平行，两厢房往河岸一夹，自成小院为一统。若削堤开梯下河，或绕厢房头开路设门再往水面，均是因地制宜的好主意。

满窗临河一人家
（上河坝街某宅）

这家人在河堤上垂直河面直接建房，起因自然是河。是可以共枕，可以深呼吸，可以悦目，可听汩汩水声，可推窗垂钓，可凭窗朗读的美河。一看窗户即可知宅主心意，满壁皆做窗，恨不得整座房伸进河上更做榭做舫，以尽享自然天赐。把窗户开大再开大，建筑变得与自然一体。可惜那整排窗户都关得紧紧的，可惜有人违背了自己的初衷。让我们真诚地与自然重归于好，让窗户重新打开……

西装瓜皮帽门
（桂王桥西街 69 号）

20 世纪二三十年代，西风渐吹，或留洋归来者或跑码头于沿海"广圈"者，时有讥讽戏谑言词流行于市井。诸如说某人穿着不洋不土，有"戴瓜皮帽穿西装"之说。其实，成都、四川各地乃至全国，在建筑上同样打上这一时代烙印。成都街衢步幅之间，随处可见深深浅浅的如下页照片中门，是很时髦的风尚。把门搞得洋盘一点，和传统龙门距离拉得远一点，以宣示宅主见识新潮。但毕竟是传统文化氛围主宰的年代，更有不舍全盘抛弃传统风貌，以及留点传统尾巴平息"西囮"之嫌等复杂原因，因此衍生了此类不伦不类的怪胎，出现了众多门上顶一个牌坊式"帽子"的构作，当然和传统龙门相去甚远了。

里坊无门之门
（章华里门洞）

成都说门，不少混称门洞。门洞要有"洞"，其上覆有楼、廊之类，形同过街楼，不同为起始处。较突出的有两类：一是有关闭的木质、铁质门，"门"形

/Λ 新半边街 3 号

/Λ 上河坝街某宅

/Λ 桂王桥西街 69 号

象齐全；二是无门之门，如下页图所示，无形之中起到和街区别的明显标志作用，意即里面为住家系列，这就是古时遗留下来的住宅聚集的"里"的制度。章华里门洞，虽无关闭之门，"洞"却初具门的框架。进得里去，豁然开朗，小宅院左右罗列华丽者、素雅者各呈其态，但都很清净。若把过街楼似的门洞取消，和前后街道连通，车马行人定然欢畅起来。可以肯定，当时不少人家都在讨论改宅前为铺面，做生意或出租，其时，章华里就叫章华街了。

/⋀ 章华里门洞

/⋀ 锦官驿屋面

静谧的屋面
（锦官驿屋面）

古人审美，受传统哲学和物质基础影响，有一定局限，在色彩上主张素雅、清淡、和谐，追求物质固有本色，不雕琢、不艳饰、不夸张，以营造"静"为目的氛围。民居为居家所在，更是讲究不喧哗、不轰动、不火爆。所以从南到北，城乡民居屋面皆一大灰色。当你爬上高楼顶一览成都连绵不断的屋面时，那统一到极致的瓦灰色，丝毫也透溢不出喧嚣的景象，倒是相互依存，彬彬有礼地挤在一起，没有谁特别突出、特别耀眼。偶有二三重檐的屋面稍高一点，那定然不是民居，一定是什么寺庙之类散布其中，它们不仅没有打搅静谧的气氛，当钟鼓慢悠悠地敲响时，反倒如石头丢进深渊，显得更加静了。

∧ 草市街

落叶撒满屋面
（草市街）

庭院种花植树，绿化一番，素为成都人雅兴。有些人家院中花草繁盛，流红飞彩，如进园圃，这是很了不起的情操。都说成都人娟细、飘逸、雕琢，却有不少人把高大粗犷的银杏树引入庭院，钟情于它的奔放、豪迈，足见成都人也有气势轩昂的一面。通观全国城市，成都于此也独领风骚。

到了秋天，银杏树把黄叶铺满屋面，薄金片一样飘撒，飞舞旋转，居然把灰色的屋面全盖住了，屋面变成了金色。太阳一照金光闪闪，贫居似乎也染上富贵。忧郁、焦虑一扫而去，美丽的天师带给人间如此美丽的天趣，衔接着夏与冬之间的平淡。这里面好像也蕴含了舍身成仁的大义，和对人间一往情深的迷恋。

临河小屋廊作门

有家临河小屋，廊柱立在岸边，檐廊伊始门亦自开，没有讲究传统住宅平面该如何遵循形法，自作主张顺之方便。于是小宅获得入门内很大一块檐下空间，没有全封闭，檐下堤前种些树木花草，与府河隔而不断，自由随意。小屋没有大手笔一般潇洒，然而恰是心地坦然，毫无做作，还有点天真的心境。在建房的一柱一门上，反映出艺术家共同追求的目标，那就是真率。

/∧ 临河小屋

再说北门老桥头

　　北门老桥两头侧岸，是民居、杂树、露天茶馆、斜岸、浅草、罾网，很有生气勃勃的乡间情调。大城市能出现乡间景色，不是丢面子的事情。一个现代城市和规范化的乡间环境结合，正是当今建筑学家梦寐以求的城市规划格局。北门老桥府河边可谓闹市中的净土一块，多么清新、多么自然。

/八 北门老桥头

川西民居辩说

改革开放以来，房地产业蓬勃发展，不少房地产商抛出"川西民居"概念。亦有所谓"民居专家"牵强附会，一时造成民居概念混淆，给世人建筑与文化上的误导，还造成空间形态定位混乱。据此，笔者拟就"川西民居"问题发表浅见，就教于学界。

地域概念还是建筑学概念？

新中国成立初期曾有川西、川南、川东、川北的行政区划分，历史上习惯说法也有此论。但房地产商从建筑学角度偷换概念炒作川西民居，这是在生造建筑学概念，把建筑学逼到一个肤浅、模糊、尴尬的死角。

什么是川西民居

中国民居从内部空间到外部风貌，处处深刻地蕴积着当地的自然与人文要素。这是一个区域乡土文化素质的综合体现，更是时间与空间漫长磨合的过程。川西民居显然没给人这些强烈个性的空间印象。

东汉画像砖上有一组庄园意味的空间组合，说明中原文化居住模式在四川已居主导地位，并一直沿袭至清代晚期。就是说，四川汉族地区 2000 年来，没有派生出"川西民居"一说，甚至中国营造学社先驱们的调查研究，也没有特别提出"川西民居"的概念。

大师谈论川西民居

刘致平教授对四川民居有一经典判断，即"僭纵逾制"，刘敦桢教授也有过记载。但是在他们的著述中，还没有结论说因此出现川西民居。

至于有的媒体提出"冷摊瓦高勒脚""中规中矩""木穿斗"等，均是南方民居中的普遍做法。相同何以叫特征？无特征者何以自成体系？它不会产生大别于全国的民居形态。

四川民居还在发展之中

川西民居即是四川民居在四川西部的呈现，它们还在发展。

明末清初各省移民来到四川，建房无参照对象，所以才有极似粤、闽、赣交界地区的原乡民居出现，至新中国成立初期其时不过 300 年。一种文化现象的独特形态规模化出现，300 年显得太短暂。

不过出于通婚、广泛交流等原因，各种文化已发生了相当亲密的融合。功能齐全的庄园开始在川中各地出现，渐变成具有四川特点的空间"大杂烩"。东汉时的画像砖中的庄园，它跨越时空与清代庄园不期而遇，正是四川民居在同一自然与人文条件下发展的必然。

四川明清乡土客栈

　　四川清代客栈沿袭明代制度，在临街开间尺度有限、狭窄的情况下，开掘进深成为客栈特定的平面布局的普遍手法。川西新津花桥高升客栈总进深达50米，川北昭化益合堂进深更是达64米多。据考察进深还有90多米者。如此做法，全因明清两代旅客的职业属性造成的功能性适应。第一，必须有能遮风避雨的较宽敞的方便的敞厅堆放扁担、滑竿、鸡公车等物。所以这种轴线上的兼过道的空间又叫"堆站"，犹如船中部，又叫船厅，川南一带也有叫"抱厅"的。有上述要求的客人往往选择客栈靠近货物器物的前半部。第二，客分上、中、下三等。上等客人多住在后院，后院安静、私密，有戏台、茶房，又可以进行各种夜生活消费，所以又叫"上官房"。这也是功能决定布局。第三，当时住、吃、玩、茶为一体，有的还要为骡马留足空间，所以也造成了大进深、多功能的空间格局，如花桥高升客栈。

石达开曾住过的新津县① 花桥高升客栈
2001 年 9 月 9 日（日记摘抄）

新津花桥乡② 高升旅馆，被访谈者：旅馆原业主后人杨风翎（60 岁）及其

---

① 现为新津区。——编者注

② 现为新津花桥街道。——编者注

妹妹。

新津花桥乡高升旅馆现位于花桥镇解放街114号，原名为高升官寓，据说清代四乡人进县城赶考，被花桥镇与县城之间的河流拦住了，不得不在花桥夜宿一晚，赶清晨渡船过河。因赶考常住此店者中有高中的，故旅馆名为高升旅馆。旅馆的建造年代无法查实，据后人回忆到1949年已是相传六代有余，又据杨风翎妹夫所说，传说石达开被押解到成都的路上曾夜宿此店，证明当时旅馆已有相当的名气和规模。由此可以大致推断，旅馆的建成年代不会晚于清末同治年间。

清末至民国年间，花桥镇盛产草纸、蚕茧等各种农副产品，又毗邻县城，是周边县通往成都的要地之一，成都等地来此收购草纸、蚕茧的客商络绎不绝，商贸曾繁盛一时。据说当年花桥镇两大富商沈家与杨家都开设旅馆，今天沈家旅馆已不复存在，而杨家的高升官寓依然寂寞地静立在小镇老街上，记录着昔日的盛况。

高升旅馆因其规模与位置曾是镇上生意最好的旅社。据杨氏后人回忆，民国时杨家在旅馆一楼过厅里开设茶铺，里面坐满了喝茶、聊天、谈生意的人，热闹非凡。每逢三、六、九镇上赶场（赶集），更是热闹，后厢房和上官房没有客人时，前面抱厅里会有演皮影戏的、说书的、唱川戏的，抱厅前的小天井里摆着八仙桌（天井四周的排水沟两侧凿有卯口，以便放上木条，上面铺木板），人多时，小天井可摆放三张桌，供贵客坐。两边檐柱用梅花钉挂着茧丝，过厅上的横梁架放着用支杆支上去的滑竿，到了晚上，旅客多时可留宿百八十人，过厅中摆满了鸡公车、货物，梁上架着滑竿，想要穿行其中都很困难。旅馆一楼是下等房，二楼是中等房，天井过去是上官房，晚上中间的三关六扇大门就会关闭，以保证上官房客人的财产安全。

整个旅馆格局可能是清末川西客栈的代表形制，旅馆无论是檐高、柱径规格，还是轻快简洁的抬梁（六步架）做法和窗棂式样，都有清制风格。旅馆门口旧有石狮2座，正门入口的檐口还有猴雕，现已无存，但门口入口处正上方还有灯具保存。

旅馆进门的左侧是水房，水房里有水井，供茶馆烧茶水用，左侧厢房后半部分为旅馆主人用房，前半部分为单铺间，供女客等使用。进门右侧有扶梯，

/⋀ 花桥客栈鸟瞰图

/⋀ 过厅及走马转角楼（内向回廊）

/⋀ 戏台（抱厅）

/\ 四角攒尖顶西花厅临溪外侧

/\ 花桥客栈正门

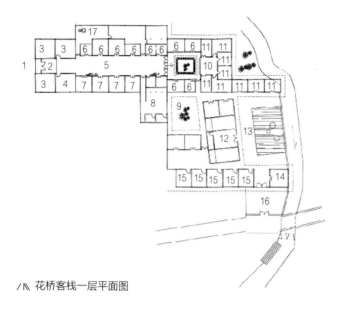

1.街道
2.入口
3.铺面
4.账房
5.放扁担处(船厅)
6.单间
7.双人间
8.厕所兼骡马过道
9.天井
10.戏台兼抱厅
11.上官房(贵客间)
12.书房兼娱乐棋牌房
13.水景小池
14.吊脚临水雅间(西花厅)
15.马夫脚夫房
16.后门
17.水井

/∥ 花桥客栈一层平面图

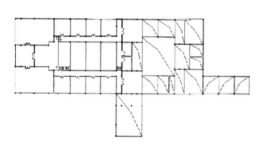

/∥ 花桥客栈二层平面图

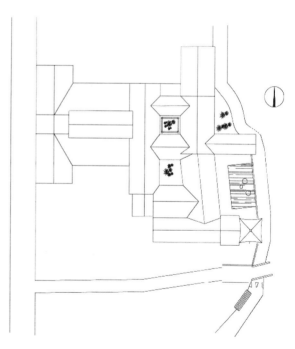

/∥ 花桥客栈屋顶平面图

/⋀ 花桥客栈剖面图

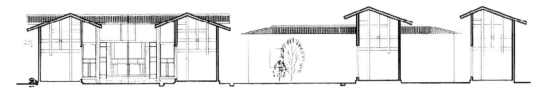

/⋀ 花桥客栈船厅剖面图

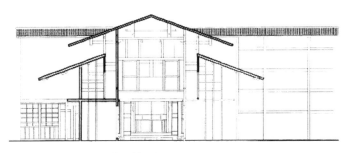

/⋀ 花桥客栈抱厅及后花园剖面图

/⋀ 吊柱撑拱

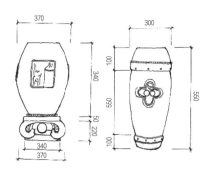

/⋀ 石凳

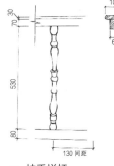

/⋀ 扶手栏杆

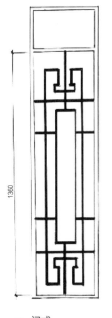

/⋀ 门式

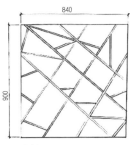

/⋀ 窗格

右厢房都是两铺间，中堂右侧是马棚，天井旁开有侧门通往小花园，后花园毗邻水码头，花园中修有方池、攒尖顶花厅，后厢房后，有一临河而修的吊脚楼。

就整个旅馆的外部环境来看，旅馆前临街，后临河。后面的河水，不仅引水入后花园，还用来洗衣。旅馆后花园右侧有水码头，也有隔河而望的镇银庵，过水而行有隔河而建的聊村茶室，也是昔时鼎盛一时的茶馆，因为有门前的江西会馆的戏台，看戏人多而生意兴隆。

该旅馆建筑包括食、宿。但是其空间的布局及廊架的应用，光线所产生的所谓中厅空间的静谧感，使旅途中劳顿的人们无形中找到了一种归家的温馨感觉。这也正是该旅馆的一大特色。另外从结构上依然以全木结构二层围合中厅空间看，由于中厅二层通高，梁柱关系明确，让人真切地感受到结构之美。中厅采光自中厅的屋面与周边屋面高起部分所留的缝隙，光线尤感柔和。

经过中间过渡二层架空的过廊进入相对狭小的院落，正对入口的是一个类似堂屋性质的开敞间，兼具观演台之用。

二层围绕中厅的是一圈廊子，基本同底层平面，有楼梯，可以从下厅、厢房上二楼。这也是川中自清代以来住宅建筑中盛行的走马转角楼，它分内向围绕天井或中厅和外向围绕住宅两种形式，实用功能是起串通房间的作用，这在旅馆建筑中显得尤为重要。当然这种形式在当时也多为有相当财力的人家住宅所为，一时也成为该旅馆档次级别的象征。

中厅屋顶靠周边回廊支撑的柱子撑起，高出四周屋面约60厘米左右，有效地解决了采光通风的问题，并且容易形成风的回流，保证了中厅的新风效应。柔和的光线、温馨的木构结构、幽幽的木香仿佛把我们带到了这个旅馆生意兴隆时的生动画面中。那个年代，这个旅馆，也许还有一段悠远的故事在上演。

益合堂
（与川北客栈比较）

广元昭化益合堂建于明末，为昭化四大望族之一的王家祖业，占地面积10875平方米，临街五开间，重檐式，正是明代四川民居典型的平面布局和立面

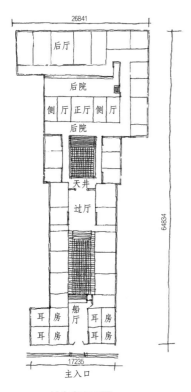

後廳

26841

後院

側廳 正廳 側廳

後院

天井

過廳

船廳

耳房 耳房

耳房 耳房

17235

主入口

64834

∧∧ 益合堂平面图

做法，为坡地台阶式三进合院格局。由于清初昭化平定较早，人流物流渐盛，昭化又当水陆要冲，王家始以益合堂作货物堆站。随着经济的复苏，益合堂又作过酿酒铺、中药铺。但从格局上分析，整体是从堆站即客栈角度展开布局的，是明末清初典型而大型的客栈建筑。建筑布局巧妙、高朗、空敞，风格大气朴实，中轴系列空间逐级上升，时亮时暗，各色生土材料交替构作。工程属中上，工艺亦属中上，粗犷中不乏精致，是四川现存极为少见的珍品客栈建筑。

大邑新场集股客栈

大邑新场镇集股客栈为镇民集股修建，始建于民国年间，基本格局与川内其他街道客栈相似：窄开间、长进深（43.7 米），格局有天井、船厅、戏楼、小姐楼（观景亭），其他以卧室为主。尽量扩大卧室数量是所有客栈的基本思路，然后辅以休闲、娱乐空间的设置。此大约是交通以步行为主时代不可逆转的客栈修建模式。

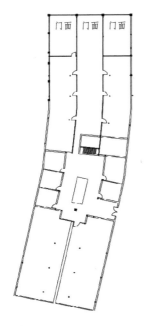

门面 门面 门面

∧∧ 集股客栈一层平面图

/ʌ 集股客栈正门

/ʌ 集股客栈风火墙

/Λ 集股客栈凸出的小姐楼，为全镇建筑最高点

/Λ 集股客栈中庭

成都邱家祠堂

祠堂概说

祠堂起源很早，我国古代包括四川就有这种祭祀性建筑：如成都羊子山西周土台遗址，这种叫"坛"的露天祭祀天地神灵的构筑物，实际上就是一种"祠"。另一类是纪念祖宗和先贤的，则需建房屋、供牌位，称它为"祠"也可，"庙"也可。"祠"又分两类：一类是有血缘关系的家族成员祭祀祖宗的祠，称"宗祠""祠堂""宗庙""家庙"，如成都邱家祠堂即是这样的家族祠堂；另一类是"专祠"，如武侯祠、关帝庙。《汉书·文翁传》"文翁终于蜀，吏民为立祠堂"，也是后人为其立的"名人祠堂"。这大概是所知的四川最早的祠堂。

甲骨文中就有了关于祠堂建筑的"宗"字，其外形是在房子的中轴线上立一个牌位，正是祖宗之位。周代《礼记·王制》载，"士一庙，庶人祭于寝"，恐怕是最早把住宅和祠堂分开建造的。祠堂的基本格局是独立的多进合院，前有大门，中有正堂（相当于住宅过厅），后有寝殿。此即"士一庙"中的"一庙"。而庶民百姓之"庶人"，只有在"寝"即住宅中找一间房子来祭祀祖宗了，当然，唯有中间居上一间，别无选择，那就是"堂屋"一称的起源，古代四川有叫"宗庐"的，也有叫祖屋"上堂"的，但这不是祠堂，后衍成香火，纳天地君亲师一起祭祀。

有专家认为：先秦礼仪制度并不完备，宗庙建筑还在形成，春秋战国时又开始衰败，至秦几近毁灭，祭祖之礼已不存在。因为秦大力改变过去的制度，为鼓励竞争"打破聚族而居的宗法传统，规定成年之子必与父母兄亲分家，使尊祖敬宗的宗法家庭观念开始淡漠"①。秦灭蜀后，又把这种"浸淫后世，习以为俗"的民俗带入巴蜀。天下只准尊天子一人，只有天子才能尊祖宗。司马光《文潞公家庙碑》记载："天子之外无敢营宗庙者。"可见当时祠堂并不存在。（顺便提一句："打破聚族而居"是研究巴蜀传统建筑的一个原点。请看后面《巴蜀聚落民俗探微》。）

到了汉代，儒学重新登场，但也没有形成真正意义上的宗法观念及宗庙制度，有的只是在先人坟墓前建一小祠堂而已。然而唐宋伊始，祠堂建筑全面复苏，而且有了祠堂制度，规定了"二品以上祠四庙，三品祠三庙……"的建制。祠堂格局到了宋庆历年间才基本上稳定下来，甚至和现在已相差不多了。

明清是中国祠堂发展的全盛时期，理学的盛行把礼教推至新的高度，建祠堂同修家谱成为时尚。这一时期不仅皇家宗庙完全恢复，明代百姓更有了祠堂制度。"修谱必须建祠，建祠必须修谱"，并在祠堂建筑形制上有了规定。《明会典·祠堂制度》记载："祠堂三间，外为中门，中门外为两阶，皆三级……祠堂之内以近北一架为四龛，每龛内置一桌，高祖居西，曾祖次之，祖次之，父次之。"如此规定详细到祖宗牌位的设置，可见当时祠堂之盛，并延至清代。邱家建祠堂，正是道光年间，时因族人邱四×中举后迎来重修族谱的机会，因此同又兴建宗祠，也正是光宗耀祖的机会。

四川是一个移民省份，绝大多数人分散居住，为了维护血缘内的凝聚力，不忘祖宗不忘故乡，他们加强团结形成力量，并告之后世本族本姓的由来。因此，在广大农村和城镇，祠堂真可谓星罗棋布。如20世纪40年代，威远有宗祠600余座，犍为有200余座，崇州有179座，邻水有148座，石柱有125座；广汉民国初年有140余座。傅崇矩在《成都通览》中统计，在成都，清末就有84座祠堂，当时有500多条街，平均五六条街就有一座祠堂。就是邱家祠堂所在的短短的龙王庙正街，还有1座薛家祠堂。统筹放大来看当时祠堂盛况，如果这些建筑都在，四川加起来有几万座。这样的话什么人类文化遗产不用绞尽

---

① 巫纪光、柳肃主编：《中国建筑艺术全集11：会馆建筑·祠堂建筑》，中国建筑工业出版社2003年3月第1版。

脑汁去申请了，居民们自己也会主动来保护的，这就是天下奇观的人类遗产。

我们现在设想，又有财力又好面子又有空间想象力的四川人，在群祠竞争、争强好胜的时代面前，他们必将以祠堂为平台、为脸面，展示本族个性和风采，那理应是和会馆同等优秀的建筑，那个时代应出现群祠灿烂的建筑大观。

祠堂建筑

祠堂是公共建筑还是民居？多数建筑史论家赞成属公共建筑。因为它的功能是祭祀、娱乐、聚会、办学、议事等方面，均充满了公共性质。觉得应属民居者多认为它是社会一小部分人活动的空间，是一个家族内的事，而公共概念应是社会概念的等同性质，不能和家族混同。

就建筑本身而言，无论小型、大型祠堂，多与民居合院平面格局雷同，如只有一个庭院的小型祠堂、多进庭院的大型祠堂，无非就是民居的翻版，想来"舍宅为寺"可，"舍宅为祠"又何尝不可？祠堂一般而言，前为大门，后为殿堂，中为过厅，过厅前后各一个庭院，四川叫天井，如此而已。最多天井两侧有廊，后面是厢房，再就是大门进来上方复盖一个戏楼，严格意义上讲，此平面和寺庙建筑、会馆建筑、有的庄园建筑几乎是一样的，和二进民居更无区别。当然，独具特色的也有，像云阳县彭氏宗祠一反常态，以城堡式空间展示族威，则不啻是一种创造，但这种总体而言数量少，太特别了。

祠堂在局部名称上有别于其他建筑，和局部作了些调整。如民居明间之堂屋位置，祠堂叫"寝殿"，此恰到好处地诠释了供奉逝去者灵魂安息之处的良愿。邱家祠堂不同凡响之处在于，在大门进来的两侧各建了一个二重檐六角攒尖阁楼，并有闻所未闻的名字：吹鼓楼。此明显借鉴了会馆之类钟鼓楼的做法，因为是祠堂，所以取了一个特别的名字。这正是四川乡土特色，不如此不足以展示家族公共建筑的特质，非常具有创意。没有吹鼓楼的设置则和普通多进合院无异，就流于一般了。如果再加上大尺度的门廊式大门以及门廊两边的耳房，即"东塾""西塾"的烘托，家族威风通过大门各空间组合，在这里得到充分体现。另值得补充的是，门廊两旁的"塾"就是用来办学的地方，即"私塾""家塾"之谓，也许就是这一名称的起源。

元代戏曲的发达促使以后不少祠堂在大门后建戏楼，至明清越盛，四川祠堂建戏楼者不在少数。恰邱家祠堂无戏楼，是想区别于当时流行的会馆戏楼呢，还是有其他原因？此处又使人不好理解，这也可能是导致吹鼓楼产生的内在原因。因为族人聚会，总还是应该有一点娱乐性质的东西才像样子，才留得住人。

一般大型祠堂，即二进、三进者，还有过厅。过厅在祠堂里又叫拜殿或前殿。这里呈全开敞状态，只留柱子。原因是怕祭拜时人多拥挤以及挡住众人直视寝殿祖宗牌位的视线，同时，也和从大门一眼望到底、望到寝殿、加强纵深、烘托肃穆气氛有关。从中轴线必须垂直这一点来审视，它和多进四川民居庭院又有一些区别。四川不少多进庭院中轴线往往要发生歪斜和转折，原因是避邪、避穿堂风、加强私密性等。

最后是寝殿，即民居上说的上房堂屋位置，寝殿和拜殿应是祠堂的专有词。它和民居相同者是此房必高于过厅或下房诸房。现有的资料文典都没有讲到寝殿究竟应多高，还有拜殿、大门高度也没有记载。此也是中国建筑有时感性多于理性的方面，不是全错，但也不是全对，是国人有时太飘逸之故。最爱讲数字吉凶的国人，在祖宗祠堂上居然忘记了主要建筑的象征性的数据，肯定是失误。当然，更大的失误是笔者才疏学浅。

祠堂建筑实例

邱家祠堂选址

龙王庙正街的邱家祠堂现位居街道中段，坐东北，朝西南，据邱氏家族目前仍居祠堂内的邱发泉先生讲，又经笔者踏勘互证，邱家祠堂当时选址是有相当风水考究的。

邱发泉时年 75 岁，是邱氏字辈中的第五辈。字辈全词是"四、明、光、永、发，显、耀、达、朝、廷，右、迟、韩、雨、正，克、绍、赵、大、成"。据邱先生讲述，邱家祠堂是分三次建成的。开头在字辈之首的邱四×手上，因中举人，为光宗耀祖，旋即兴修族谱并建祠堂。时在道光年间，先建的祖堂仅

∧∖ 邱家祠堂鸟瞰图

一个四合院而已。至同治七年（1868年）冬月续建大门，即今我们看到的现状，此时已基本上构成了现在格局，时隔两年，即同治九年（1870年）夏再完善过厅的修建。如此，邱家祠堂二进主体格局形成。邱祠选址，首先在方位，其东北、西南方位轴线正垂直于金河（现已不存在），河虽小，但清澈见底，正是水同金又朱雀之貌的基本概念。河对岸，有林盘高耸丰茂貌，也是谐比朝案的一种补景。当时龙王庙正街尚未形成。据传，邱祠选址就在龙王庙[①]的原址上。由邱祠大门分东、西，光绪末年渐成龙王庙东、西街，民国时改今名。

明清宗祠多南北向，是北为尊位、北置祖堂的普遍规律性的方位讲究，涉及风水、儒学、气候诸多因素，这一做法在四川也不例外。所以邱祠之为仅为当时平常的建筑行为。

邱氏家族来自广东，客家人，入川时四兄弟，又分四县居住，分别是华阳、金堂、德阳、新都。四县邱姓要建祠堂，放在任何一县都搁不平，任何县的邱

---

① 龙王庙建于明嘉靖十六年（1537年），清雍正、乾隆时重修，后毁。

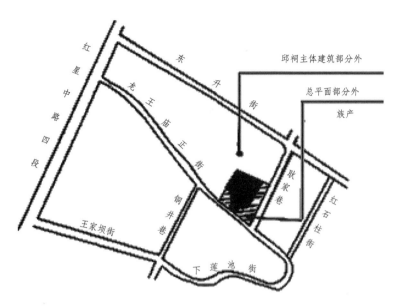

∧ 邱家祠堂位置图

∧ 邱家祠堂临街面

姓没有相当的地位也不行。时道光年间邱四×中举后，等来了这个机会，选址成都，则可纳四面八方邱姓于四地中心，又是省城之地，而客家原乡又是最讲风水的地方，可能选龙王庙旧址，亦有龙的正宗传人的祥瑞企盼和理想在其中。如此，一反诸多祠堂常态，敢于在祖堂台基中坎下建丹墀，就不是一般的举动。因为丹墀必刻龙，然而龙又多建在文庙等公共建筑内，是全国全民的图腾，家族把其纳入宅内，似觉有些胆大。但又可一说的是，此地原为龙王庙，今建丹墀完全是承袭龙的衣钵，为的是发扬光大龙的精神，尤其是龙布雨管水，能使大地风调雨顺，此关系到几乎全是农民的邱氏家族的兴衰。所以把吉祥之物引入寝殿前又体现了四川建筑内部的地域特色。

综上，归根到底，均是风水中觅龙、察砂、观水、点穴、取向的具体实践，似乎有的附会一点，但不影响那个时代选址建房的强烈意愿。有的虽然仅是一种意会，却留给人广阔的想象空间。尤其是风水和儒学的结合，比如拜殿大梁上有鎏金图案和文字，居中为太极八卦图，是方位和阴阳平衡的"水平仪"。两边左武右文，一是宝剑，一是书卷。再两边，一是"福"，一是"多贵子"，图案是一佛手瓜，一石榴，均是吉祥的祈求与平安心愿。再两边，合起来为"亿万宗枝"四字，点破祠堂主题，不言而喻，它的功能就是归纳与繁衍宗族的发展。与此拜殿大梁图文相对应者为门廊大梁图文，上面同样有鎏金图文，图的核心仍为太极。其作用与拜殿大梁太极成一条轴线，并构成轴线的完整性，从而控制总进深的空间体系完整性，而上面"千亿子孙"四字与"亿万宗枝"又照应，则更加强了祠堂内涵的宗旨和意义。若再联系寝殿前拜殿大梁上的"源远流长"四字，更使人体悟到邱氏通过空间表达繁衍人口的良苦之心。

中国建筑无论公共者与民居，主轴线即为文化主轴，涵括了风水、儒学、宗教、民俗、规划、建筑、装饰等多门类学科。它们之间大体趋同，小有区别，区别往往就是不同类型建筑的特征。

邱家祠堂概况

由于历史原因和一些局限，我们把现存的邱家祠堂建筑分成两个部分：一是总平面部分，二是邱家祠堂主体建筑部分。总平面部分南以龙王庙正街为界，东以耿家巷为界，北、西以邱祠主体建筑部分的斗砖墙为界。主体建筑部分是斗砖围合界面内的部分。

为什么要这样分？据现健在的邱氏五代老人邱发泉述，邱家祠堂的族产包括龙王庙正街和耿家巷相关夹角内的共 9 亩地的房屋。此说无法找到产权证明，作为研究，权当一种说法。邱祠主体建筑部分，即现在界面非常清晰的、用清代斗砖围合的部分，无疑是邱家祠堂无可争辩的产权归属部分，也是本研究建议应特别保护的部分。

主体建筑以外部分的所谓族产，包括临街所有门面和后面的一些搭建。其中大门在内的南向临街长度就达 57.1 米，东向临街长度为 65 米。它呈"丁"字形，内部大大小小不规则地罗列了 10 个天井，天井之小，不惜削弱采光，只保障排水之用。可见有相当的临时性因素或只考虑赚钱出租的低成本搭建。这一点是符合维持祠堂运转最大效益，发挥族产资源作用的动机的。所以在平面、空间、装饰上，除南立面以外，概然无特色，马虎敷衍，索然无味。

然而，南立面因有祠堂大门的脸面关系，用了若干撑拱、吊柱、挑枋的做

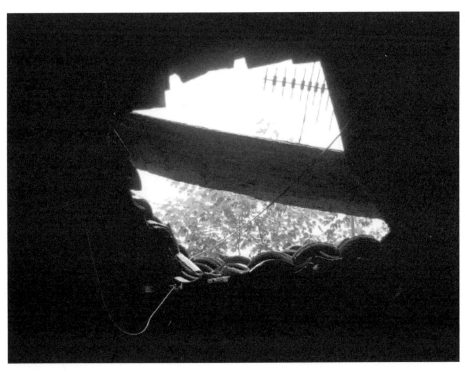

/I\ 邱家祠堂天井

法于各开间柱上，使得整体较为统一，也算是成功的风貌改造。

邱家祠堂主体建筑平面呈前窄后宽状，大门总宽 10.2 米，寝殿后宽 38.5 米，总进深 56.1 米，占地面积 1783 平方米，建筑面积 1303 平方米。由此围合的斗砖墙长达 186 米，高 4.82 米。除中轴线上三进（准确说来应是二进，第一进应为门道部分，有暗指神道的含意）天井外，还有三个小天井庭院配置在寝殿庭院西侧，其主要用于"看（音）师"，即守护祠堂人的居所及供临时来祠堂的族人住宿之用。配套有厕所在围墙南外，高程低于东侧的水井，充分考虑了水污的分流。中轴线的大门与寝殿地面高差 0.9 米，是逐渐拔高祖堂地面，烘托崇高，利于祭拜时族人视线少被遮挡的精神、物质兼而相顾的传统做法。

在这个平面基础上产生的建筑，尤其森严肃穆，为了缓和这种气氛，才在门廊后东、西各建有一吹鼓楼，这是中国祠堂可能唯一的构作，目的是舒缓严肃气氛，借鉴了四川会馆中钟鼓楼手法，且用了一个别致的名字以区别于其他公共建筑，深层次地体现了"僭纵逾制"的川人历来的秉性，十分独到，极富乡土特色。后两个天井过厅部分即祠堂传统手法中必须出现的拜殿，顾名思义，作用在于族人清明、七月半祭祀时有效空间的使用，因而必须宽大开敞。所以留有些柱子不能封闭，由此显得更加宽敞。何以要两个拜殿，后一个拜殿又晚于前者几十年？全因四县邱姓人丁增加，空间不够用所致，大梁上的题词可以证明。寝殿前拜殿的大梁上书"源远流长"四字，此殿建于道光年间，时仅一小型祠堂而已，后来人丁增加，往南再续建一拜殿，偌大四县家族祭祀之所于是才有了大型祠堂，大梁上书"大清同治七年岁次戊承仲冬月五日谷旦"。时隔两年，才逐渐完善大门，估计斗砖围合即主体现状才在那时最后确定边界。门廊大梁上书"大清同治九年岁次庚仲夏月望六日谷旦"。这前后 40 年时间，我们看到晚清建筑发展的一个过程，也看到当时家族经济发展及人口变化等多方面的断面。

下面，分别对"大门""拜殿""寝殿"再作分述。

大门：宽 10.2 米，檐高 4.8 米，脊高 7.05 米，整体就是一个大型垂花门。为什么要做这样大的尺度？在同治年间依据何在？现仍没有找到出处，笔者坚信无论官方和民间，一定会有说法的，包括具体到尺寸数据的吉祥说法。然而，诸如石作、雕刻、灰塑、彩绘之类，现在除了感到一派朴素无华，也仅存风化得看不出是狮还是麒麟的石作了，仅抱鼓石尚存一个，但一对撑拱保护较

/⁁\ 邱家祠堂大门

/⁁\ 邱家祠堂中庭

/⁁\ 邱家祠堂装饰

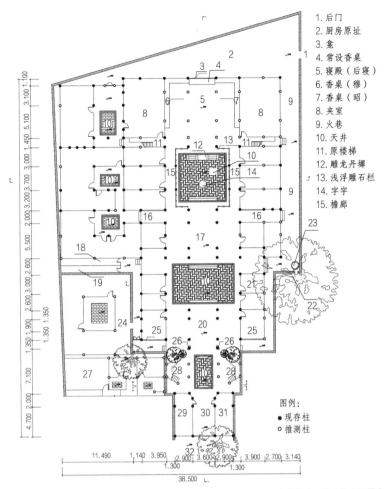

1. 后门
2. 厨房原址
3. 龛
4. 常设香桌
5. 寝殿（后寝）
6. 香桌（穆）
7. 香桌（昭）
8. 夹室
9. 火巷
10. 天井
11. 原楼梯
12. 雕龙丹墀
13. 浅浮雕石栏
14. 字宇
15. 檐廊

图例：
● 现存柱
○ 推测柱

16. 原廿四孝浅浮雕木门6扇	22. 风火墙后开小门洞
17. 拜殿	23. 井
18. 女厕	24. 风火墙原开门洞
19. 男厕	25. 原浮雕木门
20. 过厅	26. 麒麟雕刻柱础
21. 邱发泉老先生现宅	27. 后搭建房

28. 吹鼓楼（二层重檐大面攒尖）
29. 耳房（西塾）
30. 门廊
31. 耳房（东塾）
32. 大门入口

/⁁\ 邱家祠堂一层平面图

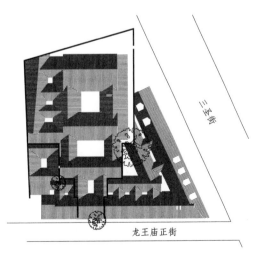

/⁁\ 邱家祠堂屋顶平面图

好且没有风化，木刻四个面的中心均以石榴外轮廓作底图，然后各装进福、禄、寿、喜的内容，构思不同于一般大门的撑拱雕刻，突出了祠堂装饰仍以多得贵子、传宗接代的发达宗族思想。这是很切题的，也是区别于住宅的一种装饰表现手法。

另外前面对于门廊及西塾、东塾的耳房的关系已有叙述，其实这也是跟普通民居大门一样，它只不过放大了而已，即平常只从耳房进出，清明、七月半、春节等重大节庆才开中大门。

拜殿：因为把吹鼓楼所在的门廊算成了天井，于是成了三进庭院，那么就出现了两个拜殿。从祠堂空间定义上讲，它就是特大型祠堂。层级是：一个庭院（天井），小型祠堂；两个庭院（天井），中型祠堂；三个庭院（天井），当然是大型祠堂了。拜殿即祭祀祖宗时跪拜的地方，平时又是过厅，所以名称同用。

庭院：即天井。空间特色在出檐的长短，道光年间寝殿两侧厢房出檐2.4米，共用了4根檩子，极富四川民居特色，时隔100多年，受力尚好，没有加檐柱，仍保持了健稳硬朗的风姿，十分难得。可惜的是当时天井周边的石栏板、花窗、二十四孝图、丹墀、字库均已毁掉。

寝殿：比较遗憾，居民均以简陋装修分隔，封闭原墙面和内瓦面，什么也看不到。

最后值得一提的是用材，这是邱家祠堂一绝。

所有数十根木柱均采用的是柏木，据分析，大小尺寸均等的柏木均来自盛产柏木的金堂。因为该县是邱姓聚居之地，各县邱姓出人力、出财力、出材料当时都是可以的，各算各的账即可。柏木用于建筑，其物理、化学方面的优点是显著的。所以，现在基本上无朽损、潮烂、虫蚀、风化等现象。在使用时，除寝殿前柱子包麻布又多层土漆制作外，其他全为本色。又由于用材大小均等，整个框架非常稳定。再加上整体采用穿斗与抬梁的混合结构，尤其支撑这种结构的同质同形用材，使得整体没有发生一点偏斜。这是材料的保证。

但石材，尤其是用于柱础的红砂石普遍风化，几乎看不清上面的图案。这是成都平原常见现象，是石材产地的限制。

/⋀ 邱家祠堂沿龙王庙正街立面图

/⋀ 邱家祠堂 1-1 剖面图

/⋀ 邱家祠堂 A-A 剖面图

/⋀ 邱家祠堂屋顶卫星图像

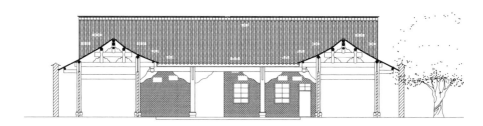

/\\ 邱家祠堂 B-B 剖面图

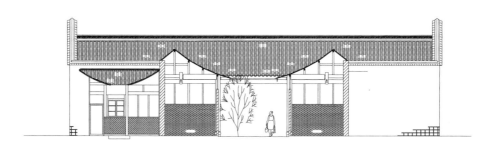

/\\ 邱家祠堂 C-C 剖面图

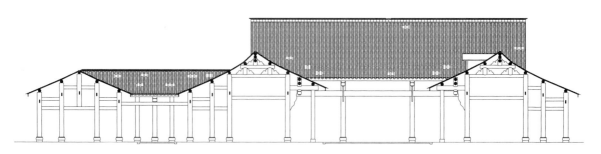

/\\ 邱家祠堂 D-D 剖面图

峨眉塘房 "陈始皇" 近代民居

　　塘房地处峨眉山市城区东北约 8 公里的平原之中。塘房小地名原叫回几铺，又名傅岗。塘房之名的由来全因陈家洋房子的新派和显赫，以及房前 2 亩多的荷花堰塘，于是乡人渐渐忘记过去老地名。

　　塘房建筑的发生缘于婚嫁：塘房主人陈家要娶附近鞠槽的林家女子为妻。林家有有 48 个天井的庄园巨宅，放言若婚事要成，需男方必有相对应的大房子为证，才可成全婚事。宅主陈寅贤，外号 "陈始皇"，谐秦始皇之豪强意，为乡里大地主，不仅有千亩田土，且为远近闻名的豪绅。时值民国后期，约 1940 年代，流行于四川城市中的 "洋房子" 即近代建筑泛滥于市井之间。于是陈家派人前往成都请来英国建筑师（另一说为俄罗斯建筑师）设计流行时尚的建筑样式，以博得林家欢心，成就了林陈两家联姻，亦留下了这栋极为精彩的、罕见的近代建筑。

　　从选址上看，背靠峨眉山金顶，面对峨眉平原，坐西南朝东北取向。用地亦西南略高，并逐渐向东北倾斜，至约 80 米荷花塘处，高差 3 米左右。这样不仅体现了传统住宅主宅高于基地空间的尊卑之序，又让所有建筑的排水集中流向荷花塘。

　　塘房原为占地近 20 亩的建筑群，洋房子仅为核心主宅，宅四周还围建了五六个天井的合院作为配套。有 3 个大木门由东北轴线进入，其中二大门最为豪华。天井合院中有柴房、粮仓、仆人房、东房（黄包车）等，皆穿斗结构，全木青瓦，石板铺地，制作精良，用材讲究。

/⋀ 陈宅东面屋顶

/⋀ 陈宅透视角度

　　据传还有花园水池，周围遍植桂圆、罗汉松、兰花等草木。

　　主体建筑即现在保存完好的砖木结构核心部分，这是我们要讨论和测绘的重点。

　　建筑占地约 300 平方米。

　　建筑面积约 1200 平方米。

　　建筑共 3 层，3 层之上有一夹层。3 层中部楼梯开始形成回

/⋀ 陈宅围廊（外向通廊）

廊，进入夹层后再上升到"第五层"屋顶八角亭。此似乎已经完成整体楼层的设计，不料亭子旁还有楼梯通往八角亭的夹层，于是形成错综复杂的楼道体系。这样做的好处：一是尽量控制宅内用地；二是以此形成各层中心，保持和各层之间的最佳肌理关系。

建筑整体是正方形，基本平面以"十"字形道路在室内成交叉轴线，亦以此分割成各层 4 个房间，即三层共 12 个房间，三层均有外

八 陈宅屋顶八角亭

向檐廊围绕一圈。从外立面观察，4个立面是五开间均等风貌格局，但各层栏杆、窗造型各不相同，亦强调丰富性。然而正立面即东北向的立面中部开间略大于左右次间，说明外国建筑师对中国传统住宅明间尺度的尊重以及对方位与开间尺度之间关系的认同。

上至夹层，房间变成6个，当然围廊就消失了。那么采光、人们对周围环境的观察等怎么办？于是东南立面两翼出现了类似于电梯间的一个构筑物，利用这个构筑物的屋顶，东角和南角成全了"一吃一拉"的生活空间格局不说，还可利用它作为观察与采光两用的小平台。

东角构造物体，内空直通3层，东角3层上部设置辘轳传送食物，主要是解决2、3、4层"吃"的问题。南角构筑物各分两层作厕所，以解决"拉"的问题。作为建筑细节，全然没有马虎的地方，虽然平面上有画蛇添足的嫌疑，但做工上、装饰上充分调动与主体和谐的设计，整体也就不觉得多余。当然，从

/八 陈宅一角

夹层的采光上我们看到有一些补充设计，但由于注意到了整体性，也就有水到渠成之趣，进而与壁炉烟道、采光孔、屋顶八角重檐亭等细部在层面上形成装饰性景观气象，亦即营造一种近代建筑层面特征。

这种特征和四立面连续拱廊、窗形、栏杆花式、砖柱细节等也同时烘托了时代建筑空间的印迹，深深地烙下外国建筑师在中国内地的痕迹。

综上，塘房建筑群有几点值得玩味。

第一，总平面。把非主人居住的合院空间放在核心建筑四周，突出宅主的新潮思想和身份地位，又把功能分区明晰分开。主：洋房子。仆：传统青瓦木构房。一目了然。使用上紧密结合，空间上相互照应，形态上有些不伦不类，融合上却天衣无缝。

第二，兼顾传统中轴意识，呈现"四通八达"的平面特征。"四通"表现在总平面交通组织关系上，更在主体建筑内。"八达"，一、二、三层外向通廊是一，屋顶八角亭（寓意"八达"）传统做法是二。有西方人应用性极强的功能手法，又结合中国传统的比喻性、象征性思想，是当时新潮建筑中西结合的典型。

第三，结构体系简洁、实用、清晰。虽然是砖木结构，但没有无关功能的多余做法，尤其是砖与木的搭接与咬合上，既尊重了传统的做法，又简化和加强了砖木之间的受力作用。

第四，由此带来的构造表现在四角上最为出挑和实际，把传统挑枋的长方形断面改成正方形断面，改变了传统柱、枋、檩、椽各有形的观念和做法。

第五，砖石结构及技艺强于木结构系统的理念和做法，正是西方人普遍存在的"不可难为"的状况。此技艺民国年间被本地匠人接受后，在四川展示了惊人的表现力。

第六，排水系统从屋顶到地面，周密而科学的处理往往和国人处理同等对象时的做法形成强烈对比。甚至在檐柱顶与檩子之间塑造了一条排水简槽，并绕宅一圈，何以为此？至今仍是个谜。此外还充分利用砖柱尺寸较大的特点，挖空柱心作排水孔，使水落入地下以形成系统。巧用标高微差将水导向一个方向，集中流向荷花塘，异趣于当今雨水收集上的环保处理，也给人以启迪。

1

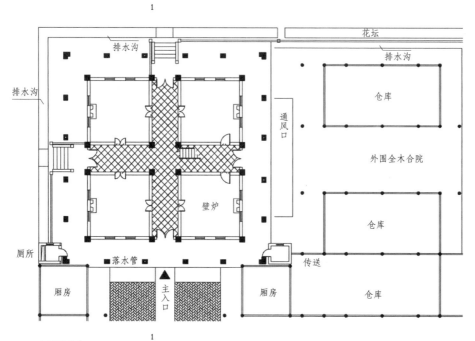

一层平面图

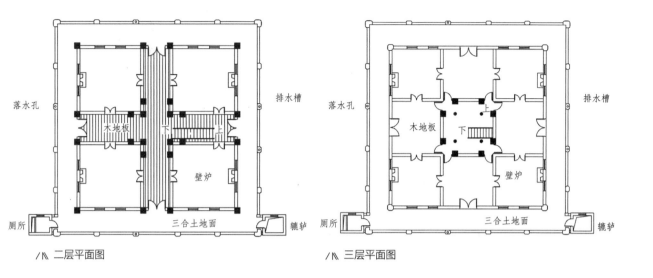

落水孔　　木地板　　下　上　壁炉　　排水槽

厕所　　三合土地面　　辘轳

⋀⋀ 二层平面图

落水孔　　木地板　　下　上　壁炉　　排水槽

厕所　　三合土地面　　辘轳

⋀⋀ 三层平面图

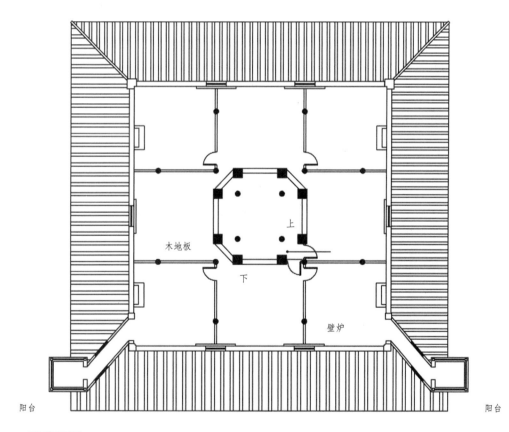

木地板　　上　下　壁炉

阳台　　阳台

⋀⋀ 四层平面图

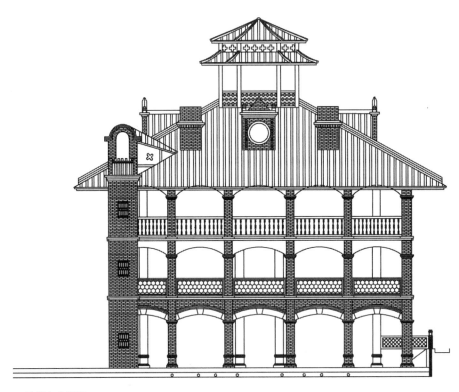

/⋀ 外墙东立面图

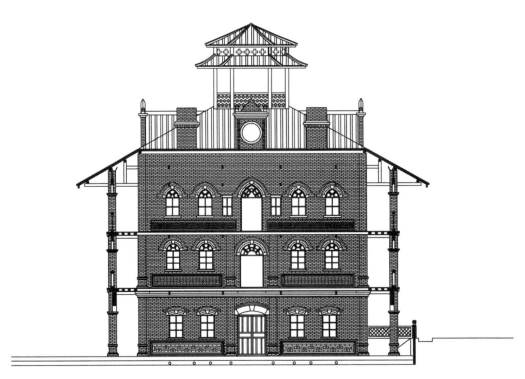

/⋀ 内墙东立面图

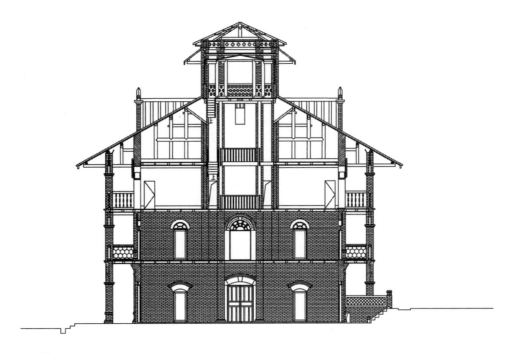

剖面图

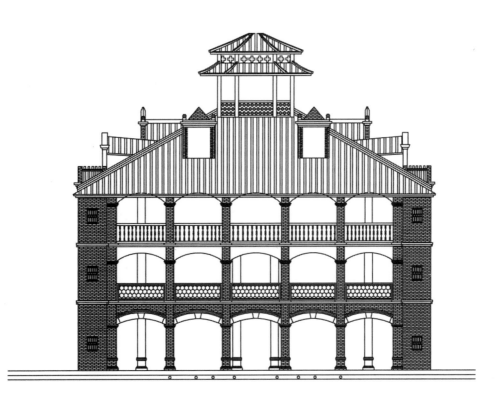

外墙西立面图

重庆碉楼类型演变

一、重庆碉楼的形成

重庆碉楼的形成可能有两个原因：

一是，清嘉庆初年，川陕鄂三省交界地区发生白莲教农民起义，清廷为了镇压起义，颁布了若干政令，如《大清仁宗睿皇帝实录》卷六十九："……嘉庆五年（1800 年）署四川总督勒保奏疏中言：'……百姓自己出资，修筑寨堡。'"而最初提出这种坚壁清野办法的是嘉庆二年（1797 年）都统德楞泰、广州将军明亮进呈的《筹令民筑堡御贼疏》，做法是"在接近白莲教活动地区，劝民修筑土堡，环以深壕，其余散处村落，酌量户口多寡，以一堡集民三四万为率，因地制宜，就民之便，或十余村联为一堡，或数村联为一堡……"上述所言，动辄就是"集民三四万"，数村、十余村联为一堡寨，还要自己出钱，因地制宜。显然，这里指的是修筑纳众多人口的村落为一堡寨即寨子的御敌办法，如梁平的 14 处山寨等。然而，在接近白莲教起义地区乃至整个重庆、四川汉族习惯居住区域，至迟秦以来，农民就有单独分散居住于田野的习俗，没有血缘性、自然聚落式的人口集中村落，只有以街道为特征的志缘、地缘、血缘综合性结构的场镇聚落。但是，我们看到，原下川东六县以及临近的现四川达州市县，不少山顶仍然构筑了上述寨子，这些寨子多是嘉庆年间或以后所建。尤可叹者，这些寨子几无一例完整留存至今，就是说它们的开建就有敷衍朝廷的意味。因为它不是村落的集体力量所建，很可能就是一家一户地摊派。或者不得已，转

/⋀ 传统碉楼：武隆翻碥刘汉农碉楼侧视图

/⋀ 传统碉楼：涪陵三合院碉楼民居

/⋀ 传统碉楼：武隆翻碥刘汉农碉楼俯视图

而发挥个体作用，或者与寨子同步强化单兵自护，广建个体碉楼……这就造成重庆接近白莲教起义地区，碉楼、堡寨存在的事实。

二是，距白莲教起义稍远一些的地方，尤其是长江南岸地区，诸如石柱、涪陵、武隆、南川、巴南、江津等地，山区碉楼多为清末至民国年间构筑。原因在封建社会崩溃时期，社会动荡，匪患猖獗，打家劫舍，各县都啸聚着规模大小不等的匪帮。百姓生命财产无从仰仗，只有单兵自护，一家一户各自构筑五花八门的碉楼以自保。另外，可能还有太平天国石达开过境等原因。所以，当地现存碉楼不少是此时期修筑的。

二、碉楼形成的多类型化

重庆地区，包括重庆的部分土家族地区，与四川汉族地区一样，历史上居住习惯是基本不依赖血缘关系组织村落，而是散居田野，接近耕地而居。这种单家独户的民间习俗，范围之大、人口之多、历史之久，在中国是很独特的人文地理现象。恰此散居状，促成了民居个性化，即多样化的生存发展基础。作为物质民俗之首的住宅建筑，它必然综合反映当地的人文与自然背景，并通过宅主的文化素养、经济能力等去完善住宅的修建。因此，凡遇到有安全之虞的时候，就只有各自为政，单兵自护了。众所周知，作为民居的空间自我保护，即设防表达的最佳方式与形态，仍然是围合。我们从成都牧马山出土的东汉《庭院》画像砖图像中可以看到，那时候就有廊道加墙围合及碉楼原型望楼的空间设防的有机结合。于是，散居建筑在川渝，自东汉起，就卓有成效地构筑起形形色色的围合空间。显然，民居设防在此时已相当成熟，并延至民国，近两千年。

居住围合，是一种非常复杂的空间现象，碉楼说到底仍归属于围合空间范畴。软性的涉及社会、家庭、工匠等因素，硬性的涉及气候、环境、材质等方面，尤其冷兵器和现代火器交替的清末至民国年间，对于设防与建筑必然提出新的设计思考，并对传统的设防空间作出相应的适应性调整，甚至因地制宜地设计出全新的以设防为主的新型民居。无疑，重庆部分农村民居功能相互借鉴、融合创新，呈现出一种多样化的格局，因其数量甚巨，渐自蕴含类型化于其中。现大致介绍如下（不作学术定论，主要便于叙述）。

（一）传统碉楼

中国古代碉楼，以方形见多。资料表明，从南到北均有各类碉楼图像、明器面世。巴蜀地区更是一个方形碉楼、望楼建筑形态常见的地区。略有不同的是：汉代碉楼，包括藏羌地区的，多呈下宽上窄收分状，而现在汉族地区碉楼却呈上下一样、宽窄同尺的方形。因此，就方形这一基本特征而言，理当谓之传统，谓之正宗。更重要者在于等边方形可均匀分散进攻力量，若长方形则易造成进攻集中在窄面。另外，方形建筑在抗地震作用力上也优于长方形。我们

/⋀ 传统碉楼：涪陵新妙碉楼

/⋀ 传统碉楼：涪陵开平碉楼

把重庆地区大致 9 米以下（不包括 9 米）边长的方形碉楼称为传统碉楼，其量大形多，有家碉、界碉、哨碉、风水碉之分，是碉楼的主流形态。所以，把现今重庆地区民间混称碉楼、炮楼、箭楼、寨子等的设防建筑从占大部分的前述传统碉楼中分离出来，依据在同一地区设防文化古今传承的脉络上。

重庆传统碉楼，一般情况下，多在木质结构民居基础上，选择正房左、右角，尤其左角，或合院正房左角、合院四角，在周边修建 1—4 个不等数量的碉楼。它们以方形为正宗，附置于主宅，如哨兵卫士般地护卫着主宅，不常住人。高 5 层（也有 3 层、4 层的），层高 2.3—3 米，多夯土，少石砌、砖石结构。内部木构框架，多歇山屋顶，也有少量庑殿、攒尖、悬山顶，顶层往往是造型亮点，做瞭望、休闲等用。亦有一角、对角、单边、双边等形式，绕碉一周，挑廊多式作室外设防用，同时赋予了空间的美学元素，显得非常亲善而非充满敌意，是乡土设防建筑"仁"者为本、施以武力防卫的空间诠释。

重庆传统碉楼于兴建高潮期的清末至民国年间，几乎覆盖全境，1939 年刘敦桢教授在北碚就发现过碉楼，这引起他很大兴趣（《刘敦桢文集·三》）。估计当时有上千例数量是可能的。有资料反映，仅涪陵现存各式碉楼就有 189 座，其中大部分为传统碉楼。还有万州、石柱、南川、武隆、巴南、江津、璧山等地也分布着数量不等的碉楼，推测重庆境内尚存碉楼约 250 座。个中优秀者多多，各地均有口碑传颂，尤以武隆长坪翻碥刘汉农碉楼独树一帜，在庄园四角的 4 个碉楼顶上各建了一座硬山房屋。其造型之华丽，形态之卓绝，堪称传

统碉楼的巅峰，可惜已于近年被当地有关人员
拆毁。

最后，值得补充的是，很多碉楼外墙出现
一种淡蓝色调，显得雅致而恬美。原因是在清
代及民国年间，民间多有染坊，凡染蓝色布匹
者，必用一种靛蓝的有机染料，其下脚料往往
与石灰浆混合，涂抹夯土碉楼外墙，竟成为设
防建筑的一种外观时尚。

/ʌ 传统碉楼：江津紫云夯土碉楼

（二）大碉楼

大碉楼和传统碉楼不同。一是这部分碉楼
建筑尺寸大于传统碉楼，平面尺寸为10—25米。
二是大碉楼内部平面划分与空间组合出现与传
统碉楼截然不同的结构和网络、形状与神态。
它们基本按照九宫格制式理念，确立方位、祖
堂、上房、下房、厢房等人伦空间。开间有的
不足3米，内部靠深桶式天井采光、排水去潮，

/ʌ 传统碉楼：涪陵大顺乡王家湾大碉楼

一般3—4层，穿斗木结构。就是常住人的独立成栋的住宅。大碉楼与传统碉
楼不常住人的依附性有本质区别。三是设防，总体上各层与顶层互通有无，形
成一体，重点在顶层设防。比如，除各层都开射击孔外，对于已进犯到墙根的
敌人，投掷与射击的打击及各点面的相互支持，主要放在墙体顶端与内屋面之
间的空隙处。所以，顶层空间是敞亮的、无障碍的。有的碉楼太大，如涪陵大
顺乡瞿九畴宅，有25平方米，则在内墙四周采取隐廊做法，与顶层构成各层为
一体的立体循环设防。

以上三点是传统碉楼无法实现的，所以，大碉楼须分类成独立系统。更有
学者认为，这是历史上巴蜀以家庭为单位的散居民俗在夯土设防建筑上的一种
极致表现。大碉楼和福建聚族而居的方形土楼是两类乡土民居空间与不同的人
文发展，故不能同日而语，虽然它们之间有很多共同之处。如此，就构成了巴
渝、巴蜀甚至全国一个独具特色的民居品种，10米左右见方者最显特色，很可

△ 传统碉楼: 涪陵大顺乡瞿九畴宅碉楼

△ 涪陵黄笃生近代设防民居

能是熊猫般类型，虽然数量较少，估计在 10 座之内，但构成了保护发展特色资源的基础。此类以夯土结构为主的大碉楼主要分布在涪陵南部丘陵，即所谓坪上地区。万州分水地区、丰都董家场也有少部分石砌结构大碉楼分布。

另外，本地习惯称大碉楼为寨子，容易混淆另一类建立在山顶的更大型的围合设防形态，即本文前述之"寨堡"者。如前述梁平的 14 处寨子。

（三）设防民居

除传统碉楼与大碉楼之外，民间还大量存在各形各色的当地也称为碉楼、楼子、寨子的民居，它们多独栋建于山顶，设射击孔，具有投掷、观察以及通风采光功能。它们附设在住宅一角或两角，或重要角度。碉楼与主宅形成和谐的一体，墙体互相有机衔接，材质和结构与传统碉楼无异，多夯土，少石砌，但平面无方形，而多长方形或其他不规则形，体量一般大于传统碉楼。之所以称设防民居，在于夯土和石砌墙体上加建或设计了具有防御功能的射击孔和投掷、观察窗。它们是一种与传统碉楼具有同等设防功能的住宅，实质是夯土、石砌民居与碉楼的结合体。这些民居，富含碉楼基因，是设防空间的创造性发展，也是特殊年代背景下生活、生产、设防空间关系融会发展的作品，一家一模样，户户皆新意，是外观最具美学价值的部分，也是设防空间思维乡土版的集大成、百姓建筑师的作品。它们分布上以涪陵南部山区为主，并涉巴南、南川交界地区。

（四）近代设防民居

还有一类被称为洋房子的多建于民国时期的设防民居，建筑学上谓之近代建筑，形貌特征为中西合璧，多为砖木结构，建有庑殿或歇山屋顶，为当时的一种时髦模式，多为上层人物所建。重庆开埠较早，受西方建筑文化影响深远，各县边远地区几乎都能见到它们的蛛丝马迹。不少建筑仿学沿海做法，多连续拱廊式，融会乡土题材及技艺。比如，南川大观的张之选宅、涪陵区惠民场的黄笃生宅、涪陵区朱砂村的刘作勤宅等，这些"洋房子"就把当地的碉楼巧妙地糅进建筑而不显生硬和多余，或置于四角，或屹立屋顶，彰显了乡土建筑文化与外来文化相互间的亲和力，也是设防建筑别开生面的发展，但数量较少。

三、值得保护的重庆碉楼

综上，在建筑上作碉楼分类，是保护乡土文化、延续民族文化血脉、挖掘历史建筑资源的探索之为。如果笼统提碉楼、寨子等，将给社会一个模糊的空间与形态概念，让人分不清碉楼里面还有那样多内容，从而损失了碉楼的多样性和丰富性，以及重庆地区一段十分珍贵的乡土建筑史、民俗史和相关的非物质文化。重庆碉楼建筑是非常人格化而独具地域气质的，它充分展现了重庆人的刚毅、幽默和智慧，虽为苍苍黄土之身，然而，单从设防的技巧与艺术上看，就是一部厚实的大书。除了上述继承古典方形均等设防，涪陵大顺瞿九畴宅碉楼的隐廊，江津会龙庄碉楼迷惑来犯之敌的重檐与楼层的错位，还可诱导敌方对碉内误判。龙潭碉楼墙体内交叉凿洞，减少射击死角，以及千变万化的木制、石制射击孔模子，挑廊底板用石制代替木板以防下面射击等，均从细节上展示了设防精准的行事风范。就是在吉祥尺度的广泛崇拜上，往往尾数都用"9"，如碉楼面宽1丈①9尺②、1丈零9寸等，祈求的是碉楼设防的"久"远内涵，透露出一种无奈但善良的民风。这些都是人格化的细节，非常值得品味。更何况它们还有历史、科学、艺术方面的价值，在碉楼行将全面退废、毁灭之际，亟须把抢救措施摆在诸事之先。乡愁之念，正是本文的核心追求。想来重庆碉楼浓郁的乡愁资源不会灭失。

---

① 1丈≈3.33米。

② 1尺≈33厘米。

羌族民居主室中心柱窥视

    各种类型的羌族民居，包括一般石砌民居、碉楼民居、夯土民居、人字坡屋顶民居，都存在一种独特现象，即在主室内的中央竖立起一根支撑着木梁的木柱。无论是底层作为主室或二层作为主室，亦同样置柱于室内对角轴线的中间，并与火塘对角，与角角神位平面顶端构成一条轴线（见下页图）。而中心柱又不是各层的通柱，且仅限于羌人活动的主要空间中心，空间也不论大小：若6米以上，则不少人家发展成距中心位置等距离的双柱；若房间更大，则发展到4柱。当然，从数量上言，4柱少一些，然而这种羌族民居主室中心构成的1柱、2柱、4柱现象系列以及由此产生的神秘气氛，甚至于房间中心立一根柱子带来空间的不好使用等，却给我们提出诸多问题。

    为什么羌族民居主室普遍有中心柱？为什么中心柱不在其他房间？中心柱从何而来？西南或西北，古代氐羌族系后裔民居主室内是否也存在这种现象？这种现象能否说明川西北、岷江上游地区羌族民居中心柱的布局为古制的延续？是否直接承袭上古农牧兼营时代穴居式的隧道式窑洞？是否帐幕制度的渊源，甚至仰韶时半坡人茅屋的遗制？羌族民居的中心柱和石窟寺里的中心柱又有何关系？等等。面对种种艰深问题，笔者才疏学浅，仅能从有限的资料积累中做些联系以推测，难免存有谬误。

    梁思成在《清式营造则例》中说："柱有五种位置……在建筑物的纵中线

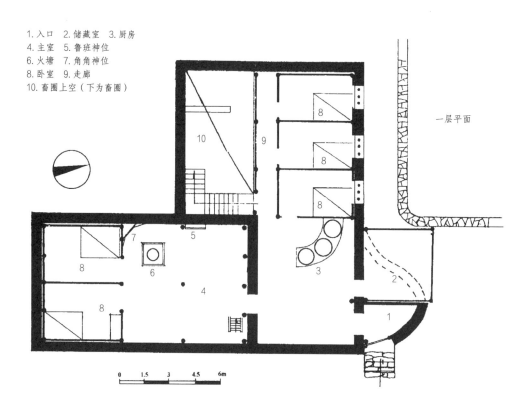

1.入口 2.储藏室 3.厨房
4.主室 5.鲁班神位
6.火塘 7.角角神位
8.卧室 9.走廊
10.畜圈上空（下为畜圈）

一层平面

0　1.5　3　4.5　6m

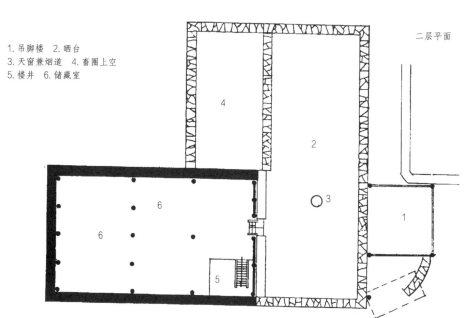

1.吊脚楼 2.晒台
3.天窗兼烟道 4.畜圈上空
5.楼井 6.储藏室

二层平面

羌锋寨汪（清发）宅

/八 羌锋寨汪（清发）宅鸟瞰图

上，顶着屋脊，而不在山墙里的是中柱。"[1] 这是指汉式木构建筑。然而他指出必须是"纵中线上"的木柱这一特定位置，此定论同样适用羌族民居主室中中柱位置的确定，故羌族民居中柱不少正是在主室的纵中线上。然而羌族民居以石砌墙为承重体系，且主室面积差别很大，又长方、正方甚至不规则平面居多，

① 梁思成：《清式营造则例》，中国建筑工业出版社 1981 年 12 月第 1 版。

跨梁有长有短。羌族人往往取室中心位置立柱以弥补支撑梁承重楼层荷载之不足，起一定的稳定与安全作用，对室内空间划分并没有表现出特殊的使用功能。因此羌族人主室中心立柱首先有赖于必有一根粗梁在中间轴线上空，无论梁是横着或纵向搁置在石砌墙上。于此方可使支撑柱有中心可言，于此方可与火塘、角角神位构成对角轴线。如果主室是长方形平面，亦首先需满足中柱、火塘两角，角角神位平面顶端与前两者成一直线。此时若柱不在中心，亦可距中心和另一柱等距离形成双柱。但大多数羌族民居主室平面近方形，故进入室内即可看出三者成直线，构成主室对角轴线的特殊平面布局，所以柱往往在室中心位置，俗称中心柱，四川藏族叫"都柱"[1]，普米族称"格里旦"或"擎天柱"[2]。

中心柱现象不独羌族民居有，还普遍反映在古氐羌族系的西南各少数民族民居主室中，比如除藏族、普米族外，还有彝族、哈尼族等，显然此制不是羌人别出心裁了，其必然涉及古羌人上古此制的发端，以及后人对此制的崇拜。因为上述诸族不少仍把中心柱作为家神祭祀，且有不少禁忌。比如羌族人认为："羌人还天愿打太平保护时，须用一只红公鸡向中柱神请愿念经，平时家中有人患病，如是触犯中柱神而引起的，则须请端公用酸菜、柏枝、荞麦秆七节、清水一碗，祭拜中柱神，以解除病痛。""理县桃坪乡等地又称中央皇帝"[3]，普米族把木楞房内的中柱又称"擎天柱"等，说明氐羌系民族中赋予中柱家神地位以崇祀，有着物质和精神的双重意义。在其背后亦必然涉及源远古风，而古风随着历史变迁、羌人迁徙而传播。

张良皋教授在《建筑与文化》中认为，帐幕是公认的游牧民族居住方式，"中央一柱，四根绳索，就可顶起'庐'""帐幕由一柱很容易发展成双柱""帐幕的中柱成了中国古代双开间建筑中柱的先行者……双柱帐幕就是庞殿的前身"[4]。先生又说："帐幕出于迁徙，只要有迁徙，早晚必发明帐幕，实不限于游牧。"作为最早迁徙西北的氐羌，不仅游牧，还兼事农业。即是说其居住形式不

① 叶启燊：《四川藏族住宅》，四川民族出版社 1985 年 9 月第 1 版。

② 陈谋德、王翠兰：《云南民居》，中国建筑工业出版社 1993 年 12 月第 1 版。

③ 王康等：《神秘的白石崇拜》，四川民族出版社 1992 年 8 月第 1 版。

④ 张良皋：《建筑与文化》，湖北美术出版社 1993 年 8 月第 1 版。

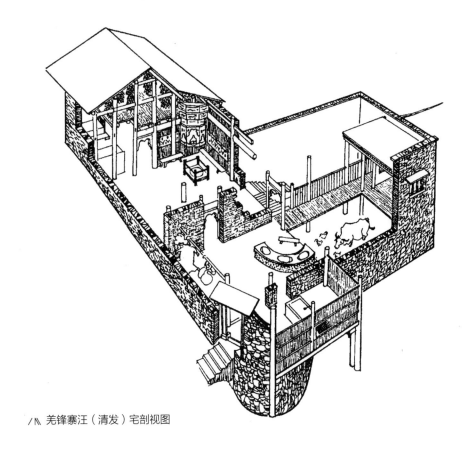

八 羌锋寨汪（清发）宅剖视图

仅有帐幕，还有其他固定形式。这里除帐幕有不可置疑的中柱外，其他居住形式，诸如窑洞、干栏、草棚之类是否也有中柱的存在呢？这里除干栏尚缺乏资料证实有中心柱的古制外，理应说窑洞、草棚都存在中心柱的端倪。西北窑洞有多样平面与空间处理，其中有"两窑相通形成一明一暗的双孔套窑"[①]者，其"两窑""双孔"间有一门挖通成套间以联系。实例等于把中间变成隔墙，因是泥土，不敢加宽跨度，若是石质则加宽跨度不是大问题。但古人仍不放心，于是我们看到广元千佛崖中盛唐佳作大云洞弥勒佛雕像身后有一堵石墙，平面呈"凹"字形，紧紧地连着窟后壁。只有在西北隧道式窑洞的一明一暗模式中能找到类似平面和做法。石窟寺的传播，皆由西北而来，南路四川石窟中出现类似窑洞中有隔墙的做法和空间，虽不敢断言就是借鉴了西北窑洞民居中的"隔

---

① 张璧田等：《陕西民居》，中国建筑工业出版社 1993 年 9 月第 1 版。

墙"一式，然而古往今来"舍宅为寺"，自当不唯木构体系一范围，窑洞同为舍宅，诚也可作为寺用。外部形态可用，内部结构与构造又何尝不可同用？与此同时，西北游牧人之帐幕中都有中心柱存在，帐幕为游牧人民居即舍宅。那么，敦煌莫高窟诸石窟寺必然亦有借鉴帐幕的做法。《中国古代建筑史》中有这样的论述："云岗第5至第8窟与莫高窟中的北魏各窟多采用方形平面：或规模稍大，具有前后二室；或在窟中央设一巨大的中心柱，柱上有的雕刻佛像，有的刻成塔的形式。"①这也使我们看到广元皇泽寺中南北朝建造的支提式窟里的中心柱来历，以及千佛崖镂空透雕背屏恐是中心柱的支撑力作用彻底转换成美学作用的一次具有历史意义的尝试。

综上，仅广元千佛崖、皇泽寺两处，我们就看到了西北窑洞民居、帐幕民居在中心柱一式上对石窟寺产生深刻影响的序列；次序是呈"凹"字形的中轴墙，呈"回"形的中心柱，呈"冂"形的背屏镂空雕。三式也许是西北民居影响佛教石窟建筑在四川中心构造上的句号，同时又说明了在没有窑洞和帐幕民居的四川，西北民居影响力的回光返照。因为再往南，巴中、大足、安岳等地就罕见这样的现象了。它还说明了民居影响石窟建筑是多方面的，不仅有木构，还有窑洞和帐幕。

如果说文化影响是一个整体，任何影响不可能孤军深入、单独构成，那么广元一带民居受秦陇砖木结构影响，尤瓦屋顶从硬山式向西向南渐变为悬山式，和石窟寺的渐变亦是同理同构的。只不过民居还多了自然气候等因素的不同影响，具体特征是屋面出檐往西往南越变越长。而西北砖木民居从山墙到屋前后基本上无出檐，或出檐很短。这反映出外来宗教建筑在本土化过程中，也融汇了西北民居的做法。

既然西北窑洞、帐幕民居对石窟寺都可以构成影响，那么对川中民居是否更可构成影响呢？尤其是川西北直接来自西北地域的羌、藏民族，他们的民居是否还保留着西北游牧兼农业时代的遗迹呢？从盆地内汉族民居着眼，显然这种影响是不存在的。唯羌、藏二族民居，中心柱仅是影响的一部分。而羌、藏民族是古氐羌后裔，说"影响"一词尚觉不确，说"延续"似更确切，因为它

---

① 刘敦桢：《中国古代建筑史》，中国建筑工业出版社1984年6月第2版。

是血缘关系在空间形态上的反映。

众所周知，中国人对祖先的崇拜和以家庭为中心的社会结构是互为完善的。它不仅表现在传宗接代上，还表现在同姓同宗的延续机制上。凡一切可强化这种机制的物质与精神形态，皆可纳入为之所用。修祠建庙、续谱纂牒、中轴神位、伦理而居等仅是摆在明处的现象，而建筑内部结构、构件组合等似乎文化含量少的东西，仅是一种技术上的处理，其实一幢建筑某些关键部位结构上的处理才更具永恒意义，因生存是第一位的，弃之不得。如此，把恋祖情结缠系其上，显然更具维护宗族与增强家庭凝聚力的永恒作用，所以羌人才视中心柱为"中央皇帝"，平时叫小孩"摸不得"，若有病痛亦认为是触犯了中柱神。个中包括物质保护和精神寄托两种作用。这是任何一个原始民族不能例外的地方。氐羌氏族上古游牧西北时，民居以帐幕为主要形式，要支撑起帐幕，内部立一根中心柱是关键，中心柱断裂则帐幕空间不复存在，这自然是一个家庭极其注意而忌讳之处——犹如汉族屋子垮塌。因此，视中心柱为神圣应是情理中事。

/八 羌锋寨汪（清发）宅

羌人迁徙至岷江上游地区，不仅涉及汉代南迁西北羌人，亦涉及汉以前世居此地的冉駹人，还有理县境内唐代东迁的白苟羌人及汶川绵虒一带唐以后从草地迁入的白兰羌人，上述二系出于西羌，同源异流而后又合流，只在民居外部空间形态上略有区别，而在内部空间主室内的中心柱一制上却完全一致，这从建筑古制遗存上充分证明了"异流同源"的渊源。更有甚者，无论散布在安宁河谷的彝族人或云南高原古羌支系各族人，他们的民居不论是这一部分空间还是另一部分布局，都多多少少遗存着西北古羌居住空间的制度。而中心柱一制仍在部分少数民族民居中流传，最明显的如普米族，其"主房单层木楞房内有中间柱，称'格里旦'或'擎天柱'"[1]。还有彝族、哈尼族等部分民居中都普遍使用这一古制。此无疑又是异流同源在建筑上的反映。笔者在查阅《新疆民居》一书时，亦注意到天山南部古诺羌之地的少数民族民居平面中，也偶有标准的中心柱现象。不过，从众多各族民居中心柱现象的归纳比较中发现，作为古羌先民直系的今羌族人居住地的茂县曲谷、三龙、黑虎等乡一带的羌族民居中，在中心柱的布局上至为严谨，当然又影响到其他县区，特征是，中柱和火塘、角角神构成一条轴线，形成一组家神系列，中心柱的精神作用和其他主要家神紧密地联系在一起，铸成一个不能分割的整体，从而影响着羌族民居主室的发展。如此，2000年下来保证了羌族民居稳定的空间格局，于是可以推测，今羌族民居基本上是2000年来的原始形态，并没有太大的变化。原因是：中心柱、火塘、角角神三点一线主宰着主室空间，主室空间又决定着民居平面，平面直接影响空间形态。故核心不变，其他亦不可能大变。故古制之谓，即由此出。所以有历史学家、考古学家、古建筑史家谓羌族建筑是中华建筑的标本、化石，诚是上论。亦可言今西部羌族民居之源在岷江上游，因为这里是羌人从西北迁徙各地之后，离开了帐幕、窑洞民居之后遗存其古制最多、最纯正的地方。更何况如徐中舒先生在《论巴蜀文化》一书中所言：远在西北时，"戎是居于山岳地带城居的部落"[2]。张良皋先生亦说道："说明这个古国历来以建城郭著

① 陈谋德：《云南民居》，中国建筑工业出版社1993年12月第1版。

② 徐中舒：《论巴蜀文化》，四川人民出版社1984年12月第1版。

称，算得上建筑大国，楚与庸邻，交往密切，最后庸国被楚国兼并。"①庸，"语转为邛，庸、邛的本义为城的最可靠的注释"。综此诸义而言之，庸之与戎，就其所居则为庸，邛笼就是它的最适当说明"②。因此又可说迁徙岷江上游的羌人不仅带来了帐幕、窑洞制度，甚至把城居的砌墙技术也同时带到了川西北，而不是到了岷江上游之后才开始学着以石砌墙构建"城居""小石城"似的"邛笼"的。张良皋先生更认为藏民居是"石砌的干栏""木石兼用之干栏"，因古羌秦陇之地原本气候温和，河泽林木密布，有"阪屋"即干栏的存在。更不用说民居的更具"石砌加干栏"的粗犷和原始了。那么，羌族民居为中华活标本、化石建筑之谓更具有了全面性，因为中华建筑起源的"三原色"——穴居、巢居、帐幕都可以在羌族民居中找到蛛丝马迹。因此中心柱虽仅是古制中一处微小结构，但可使我们从中窥到羌族民居古制遗存的全面。

———————

① 张良皋：《建筑与文化》，湖北美术出版社 1993 年 9 月第 1 版。

② 张良皋：《建筑与文化》，湖北美术出版社 1993 年 9 月第 1 版。

聚

落

巴蜀聚落民俗探微

北方人入川，惊异川中无屯子、村庄，而只有市街形态的聚落场镇。此真可谓"旁观者清"，一下就看准了四川传统村镇形态和北方乃至全国的不同之处。为什么会在四川出现这种景况？显然，它是地域辽阔的中华版图多元文化、多社会因素构成的人文地理现象，同时也是一种区域建筑及文化现象，更是巴蜀地区独有的空间现象。

巴蜀地区无自然聚落现象范围

清代初期，清朝在四川疆域上做了很大调整，把明代所辖与陕西、湖广、贵州、云南等地相邻的部分辖区改易调整给了上述诸省。如："康熙四年（1665年）改乌撒府隶贵州。"（赵尔巽：《清史稿》卷六十九）"雍正四年（1726年），因四川东川府与云南军甸州接壤，兵部复准改隶云南就近管辖。""雍正五年（1727年）镇雄府、乌蒙府亦同时改归云南管辖。""雍正六年（1728年）四川所属遵义府改贵州省管辖。""雍正十三年（1735年）四川夔州府所属之建始县，改归湖北施南府管辖。"（以上所述引自王刚《四川清代史》）

以上所述是想说明清代以前四川所辖疆域较大。经笔者考察，其文化现象和四川盆地汉族居住区域无本质差别，其中包括传统民居及传统村镇形态，属同质形态。

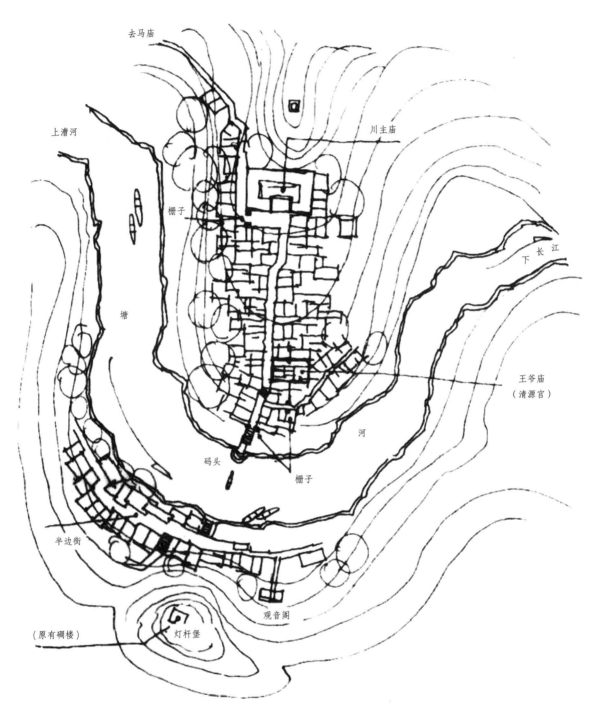

去马庙

上漕河

川主庙

栅子

下长江

塘

王爷庙
（清源宫）

河

码头

栅子

半边街

观音阁

（原有碉楼）

灯杆堡

↗ 塘河古镇总平面示意图

将这种现象的范围更明确一点：北起广元、巴中、达县①地区，南至贵州遵义、毕节、威宁地区部分，东起万县地区，西南至云南昭通、东川、镇雄、会泽地区部分，包括四川盆地全部，范围内以汉族为主，人口1.4亿以上。与此同步的其他形态，如衣饰、语言、饮食、民俗、习惯等社会因素也同质同形，即大部分属西南官话范围，这样，作为物质民俗之首的建筑现象则难以独立于渊薮之外。亦即这些地区，基本上也少见自然聚落，多分散民居及以市街形态出现的特殊聚落场镇。

上述地区凡与少数民族——尤其藏族、羌族、彝族聚居地区毗邻，一过界，便是两重天：一边，汉族民居以场镇聚落特征出现；另一边则全然是传统的自然聚落分布。这样的空间反差表达了民族个性差异，也反映了巴蜀地区独特的汉族空间区域个性。不仅如此，在各自的聚落内部，民居也呈全然不同的个性形态，即从里到外各属一个空间系统。

从"百姓爱幺儿"民俗说起

流传在四川汉族地区的一句俚语"皇帝爱长子，百姓爱幺儿"，可谓深入人心。何以此俗具有持久的生命力？它对居住形式及村镇发生发展有何影响？其深层背景何在？

据历史学家考释：春秋时期甚至商朝始，中原地区生产力呈上升之势，自然因素对于民居及聚落形态的制约逐渐下降，经济及文化日趋发达，社会与文化因素在聚落发展中逐渐取代自然因素的影响。同时封建时代国家机构逐渐形成，帝王的嫡子有了王位的继承权，而庶子则被分封。历史学家认为："分封就是分家，分家还意味着儿子们分领土地分散居住。"分家亦是分氏，姓氏也就在那个时期开始形成。庶子即与嫡传正宗相对的旁支，后泛指百姓众民，即庶民百姓。帝王的王位长子可承袭，而百姓养老送终则只有依赖儿子了。最小的儿子是弱势群体，是最需要扶持的，也是父母最疼爱的。所以，民间"爱幺儿"

---

① 今达川区。后同。——编者注

△ 川东单户庄园

自是必然，老人也顺理成章视小儿子的居住地为主要赡养居住地。这就制约了围绕长辈住宅组团居住，从而形成聚落的契机。自立门户的其他儿子则散居在他们的土地旁边，散居格局于是发生。

我们讨论的是区域聚落的形成及民居现象，上述与此何关？是的，当时中原这种现象很普遍。然而自秦统一四川后，大量中原移民入川，通过军事征服也自然地把这种民俗"制度"最有力的组织形式在巴蜀地区推广开来。此俗在成都牧马山出土的著名东汉画像砖《庭院》图中得到印证。此庭院和现在四川民间绝大多数庄园在布局与空间上神形同质，也和当时中原如"河南郑州出土的汉墓空心砖上刻有前后院的住宅"[1] 同质同形，说明四川汉代庄园与中原住宅有血缘关系，是一种分散居住现象在汉代还同步推行的事实，理应是秦统一四川在住宅民俗上的延长。刘敦桢甚至认为："川中路程，每公里折合 2.5 华里[2]……疑川省各地里数乃秦、汉所定，相沿迄今未改。"[3] 然而到了后来，中原

---

① 刘敦桢：《中国古代建筑史》，中国建筑工业出版社 1984 年第 2 版。

② 1 华里 = 0.5 千米。——编者注

③ 刘敦桢：《刘敦桢文集·三》，中国建筑工业出版社 1992 年版，第 255 页。

/⋀ 川东单户民居——庄园

/⋀ 川南碉楼单户民居

出现了大大小小的聚落。显然，那是宗族血缘关系结合起来的村庄，是封建时代高潮期的一种物质鼎盛现象，是生产关系发生变化的空间佐证。当时如理学、科技、绘画、易学、城市建设等也呈现高度发达状态。比如，宋代山水画中，出现了其他朝代罕见的非常讲究的聚落形态，且是山水画中房屋表现的一种时尚。四川的历代山水画中却没有发现聚落形态，多是单户散居现象，直到当代。

巴蜀地区，仍然沿袭着秦汉以来的居住模式，即单家独户散落田野，过着自由自在的农耕生活，继续"其风俗大抵与汉中不别……小人薄于情理，父子率多异居，其边野富人多规固山泽"（《隋书·地理志》）的不依赖血缘纽带的独居形式。

至宋代，宋太祖发现了这一问题，《宋史》言开宝元年（968年）六月，宋太祖下令"荆蜀民祖父母、父母在者子孙不得别财异居"。开宝二年八月丁亥又诏："川陕诸州察民有父母在而别籍异财者论死。"可见宋代山水画中表现的中原聚落在宋朝皇帝眼中是文化正宗，巴蜀地区分散居住的现象是"小人薄于情理"，是抛弃父母的不孝行为。一直到清代，这种"人大分家，别财异居"风俗仍势头不减，直到中华人民共和国成立，即北方人入川见到的景况。

一定程度上讲，这是先秦中原居住文化在中原以外地区大规模的传承，后来这种民俗文化在中原消失了，反而在巴蜀地区得到全面、系统的传播与承袭。这实在也同是中华非物质文化的一种让人叹为观止的奇观，亦可称巴蜀地区还在传承几千年来的中原居住文化。

巴蜀地区一些聚居现象

我们说村落即聚落，是同一个意思，即以农业为主的，星罗棋布分散在田野上的一种物质空间组团现象，开头只是为了遮风避雨、抗御寒暑的基本居住要求。这种聚落形式是以血缘关系作为纽带，聚族而居的，在巴蜀以外地区延伸至今，是农村常见的聚居形式。无论聚落发展到多大规模，内部空间组织如何反映宗族结构的井然有序，封建伦理仪轨划分得如何尊卑分明，谱系层面的对应如何错落有致，终不过血缘关系空间化的极端而已。这种现象在巴蜀地区农村和城镇是不多见的。如果说有这样的家族结构空间，则追求的是另外一种特殊的空间形态——寨堡。如隆昌云顶寨、自贡三多寨等，一族、多族组合成松散的聚落。起因多为躲避战争的威胁，而不是生产生活的肌理性发展。时过境迁它们必然衰败，何况这些寨堡旁边最终还是形成了场镇。

不少城镇街段中，小片区出现由血缘纽带构成的空间现象，如巫山大昌有"温半头""蓝半边"，忠县洋渡有古家几弟兄相邻组团的街道民居等。此正是本文核心追寻的巴蜀聚落走向的另一个层面——巴蜀场镇，一种以市街形态出现的多元结构聚落终于凸现。

自秦以来，巴蜀地区基本上是一个移民社会，此况直到20世纪中叶，三线建设、移民运动不断。古代移民多为地缘加血缘关系的迁徙，2000年来，无论来自全国什么地方的居民，一到四川，便不由自主地入乡随俗，遵循"人大分家"习俗，开始分散居住。自然，他们失去了建立血缘聚落于田野的机会，但也出现了相邻较近、视听可达的地缘性大聚居现象，如成都东山五场，荣昌、隆昌县①交界地区，西昌黄连乡的客家人大聚居格局等，但终不是传统的聚落形式，而只是地缘性散居距离较近的一种形式而已。除四川外，还有湖南、江西、安徽等省移民各自散居较近的结合，从而在时间形态上同步产生了语言岛现象。但它和以血缘为纽带的空间组合有本质区别。

在巴蜀地区南部，即与云贵高原接壤的边缘汉族地区，渐次出现了散居与聚落过渡的空间现象：一是民居有规模的组团现象出现；二是有祠堂昭示这是以血缘关系形成的组团；三是场镇数量开始减少，说明场镇的一些功能被聚落取代；四是生产力较低，经济文化滞后，自然因素对民居及聚落的形成起的作用更大；五是巴蜀"人大分家"的民俗约制力在边区已是强弩之末。此况拿发达的巴蜀文化中心地区的云阳县凤鸣镇彭氏宗祠进行比较：虽然彭氏民居散布在宗祠周围，构成了以宗祠为中心的空间格局，但彭氏血缘关系终没有以组团形式通过聚落表现出来。

至于当今我们在农村看到的民居组团貌似聚落的现象，多是清末以来，封建王朝解体后秩序混乱，分家民俗渐次失去约制力的一种外在表现，只要深入进去，就能体会到它和北方血缘聚落的差异，这是一种毫无规矩可言的随意乱搭乱建现象。

---

① 今隆昌市。——编者注

地缘、志缘、血缘关系构架市街聚落

　　巴蜀地区究竟何时开始出现市街形态聚落并进而形成城镇的？史学家各说不一。有学者认为是春秋战国时期，有学者认为是秦统一巴蜀，中原移民入川后，原世居者聚落被中原"别财异居"习俗冲散，由于单家独户的农民强烈的交流、交往、交易要求，聚落开始以市街形态出现，同时中原治城格局渐渐渗透到巴蜀城镇，尤其是县治所在地以上的城镇，只要地形允许，必出现南北、东西两大轴线街道，并为公共建筑与民居框定了分布格局，此况实则形成了城市的最初构架。自然聚落这一概念已经消失，而我们要探索的仍是聚落形态。它不过是以市街形态出现，哪怕它最后演变成城市，但它的构成特征中仍残留

/\ 川西北羌族聚落：老木卡

着血缘的内在因素，这就是场镇。

巴蜀场镇在清末已达 4000 多个，全国第一，理应是城市之下的一个空间规模级别，或者说是一个数量巨大的、内涵丰富的、多元素构成的市街聚落体系。其基本构成框架可归纳成地缘、志缘、血缘三大领域。我们从公共建筑的一般分类中，可以窥见一些端倪（如右表）。

恰好靠这种血缘关系在农村的自然聚落建造的祠堂，即宗祠之类，在巴蜀场镇中较少发现。它们仍然孤立地分布在农村，与散居的家族民居不形成组团，遥遥相望。此况反证巴蜀场镇不以血缘为主体结构的事实，故无血缘性公共建筑的

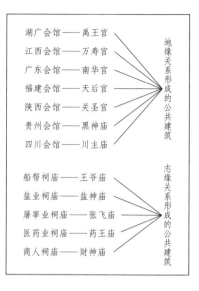

湖广会馆——禹王宫
江西会馆——万寿宫
广东会馆——南华宫
福建会馆——天后宫
陕西会馆——关圣宫
贵州会馆——黑神庙
四川会馆——川主庙
　　　　　　　地缘关系形成的公共建筑

船帮祠庙——王爷庙
盐业祠庙——盐神庙
屠宰业祠庙——张飞庙
医药业祠庙——药王庙
商人祠庙——财神庙
　　　　　　　志缘关系形成的公共建筑

川东单户庄园

大数量发现。但不少场镇形成同一姓氏或家族小片区、小街段的民居集体排列组团的现象，则是对远古农村血缘聚落的眷恋，如巫山大昌"温半头""蓝半边"等。若以地名学的角度观察，诸如李家场、马家场、文家场等，不少是因为该姓居民是场镇最早的入主者、创建者，后来便以其姓氏呼之。但没有发现一姓一氏最终覆盖场镇者。形不成场镇者，则以某家院子、某家朝门、某家林盘称之，即成散户。

关于儒、道、释三家公共建筑在巴蜀场镇中的地位与构成，则视具体情况而定。总的情况是佛教寺庙较多，道观其次，还没有发现有文庙、孔庙之类。至于相当于衙署等行政性质的公共建筑，尚未发现。

巴蜀移民社会生存之道，在过去更多的是同乡、同道的协调与帮助；主要靠"帮"，即集团、帮会。清末民初四川哥老会的发展，可以说是这种社会形态的一种极致、畸形的形态。良性的发展则是团结，不排外。空间状态是虽错落却有致，组团较杂却有序可循。这仍然有市井市民性格因素在里面。这使人联想到西安半坡村落：一所大房子辐射出周围几十所小房子来。那些场镇街道上的会馆、祠庙等大房子周围不也建了若干小房子民居吗？民居中的居民身份不也与大房子息息相关吗？它们之间的缘分不也是一种尊卑观念的流露吗？

/⋀ 川西场镇：火井场

∧ 川西场镇：铧头

∧ 川西单户民居

散居得以延续的综合因素

上述"人大分家，别财异居"的民俗以及父母随小儿子居住的现象，导致巴蜀农村以散居为主，无法形成村落，成为促进场镇发达的一个主要因素。产生这样现状的原因当然不止于此。

笔者认为，分田到户仍然是当今提高生产力的最佳方式。可以想象，2000多年前巴蜀之地就开始萌发靠近自己耕种地居住的习俗，无论土地是谁的，自身是否佃农。这和分田到户形式上一致了，劳动效率也提高了，因而形成的社会关系即生产关系大大先进于家族式的集体生产活动。这种生产关系带来的社会进步必然使这种关系的存活期得以延长。

清代"湖广填四川"的移民运动的土地政策是"插占为业"，实则是谁先来谁就可以多占土地。先来者土地的宽阔为后来的人分家、土地租佃创造了分散居住、利于生产的条件，无形中又延续了"人大分家，别财异居"的民俗。于是，聚落仍然无法形成，血缘性的房屋毗连而建，组团没有生存的土壤。

上面叙述这样多，都是论证民俗是一个不可忽视的方面。它虽然是表象，但对于巴蜀民居与聚落的形成，和其他地方比较，很可能有时超越了其他的主要方面。众所周知，影响聚落形成的自然因素有气候、地貌、地质、资源等，社会因素有宗法、伦理、血缘、家族、宗教、风水、习俗等。然而，这些因素有时不是均等地在影响聚落的形成。在特殊的地区，某一特定的时间，在特定条件下，前述某一方面的因素所起的作用和影响会超越其他方面。

/⋀ 川北单户杉皮树民居

一种广义文化与民居及聚落，分属形而上与形而下的不同观念。形而上的观念经历史沉淀，一经形成便渗透到生产生活各个领域，左右着人们的生活，影响着民居及聚落这种物质形态与其周边的环境。这是历史现象也是空间事实。

回到研究的原点

什么叫研究？研究就是探秘、解谜，去追究一些现象是怎样形成的。而现象的发生及过程即是原点，亦即谜底。离开产生聚落的农业封建时代这一背景，离开当时的生产力、生产关系，以及由此产生的社会因素，包括民俗因素，孤立地、片面地看待一个问题，显然总是矛盾百出的。

建筑学、规划学的高等教育中，凡涉及此类问题，都弥漫着一股知其然而

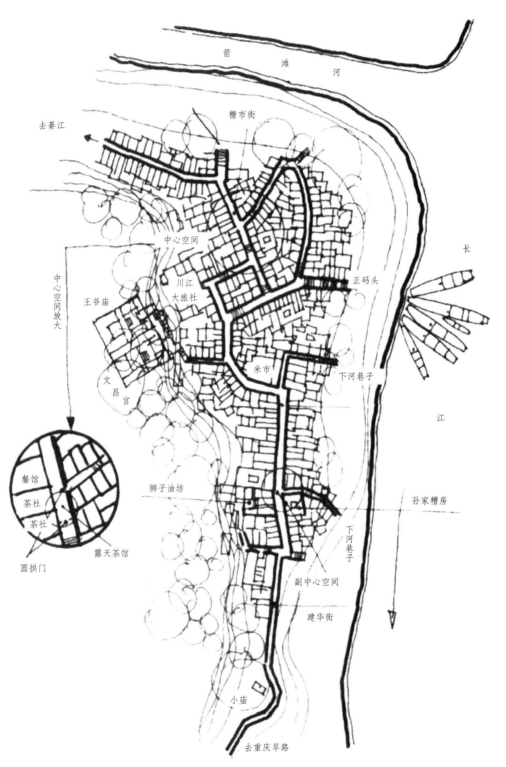

箭　滩　河

去綦江

糖市街

中心空间

中心空间放大

川江
大旅社

王爷庙

文
昌
官

长

正码头

米市

下河巷子

江

狮子油坊

孙家糟房

餐馆

茶社

茶社

下河巷子

圆拱门

露天茶馆

副中心空间

建华街

小庙

去重庆旱路

∧∧ 重庆巴南区：老鱼洞场镇聚落总平面示意图

∧ 川东场镇：塘河

不知其所以然的快餐文化。问题的症结在不想下功夫上，如当代沿马路两侧毫无节制地建房问题，城郊接合部快速组团建简易房出租的问题等。我们在研究这些问题的时候，能不能够回到聚落的原点上清理一下思维，看农业时代有序的空间组织、深厚的文化铺垫是如何施展智慧的？这就需要我们多花些时间做调查，多费些脑筋去思索。成长期和寿命是成正比的，有的东西可以快一点，有的就不行。建筑创造活动就是漫长的人类文化追求的目标之一。然而它又有区域性的世界性差异。中国民居之所以在世界上占有一席之位，本质在区域创造活动上，原因就在于它的漫长，没有漫长是谈不上积淀的。积淀是需要时间的。只有通过漫长时间的酝酿，它才会酵发出永恒的魅力。这就是一个事物永葆青春的文化寿命根本。当然，"一万年太久，只争朝夕"。当我们解决了人们在转型期对物质的急切需求，没有更多的空间去作实验性的开发，并触及开发的土地极限后，可以预见，人们将回到认识问题的原点上。

巴蜀聚落及民居经 2000 多年流变，适成现状。其民居风俗的影响几成颠扑不破的定律，雷打不动，坚定地甚至"冥顽"地走自己的路，原点就是它有这样生存的土壤，结果它创造了个性，也创造了清末全国最多的市街聚落场镇。如今一二十年就把中国万千城市全部更新完毕。所以，万千城市必定一个样。喜否？悲否？留待后代去评说。

神秘的成都古镇

清末至民初，现成都市域所管辖范围内的区、县、市的古场镇已多达 400 多个，大部分分布在成都平原上，小部分分布在山区、丘陵，这个数字是当时四川古场镇的十分之一。在四川，乡土文化，包括乡土规划、建筑、乡土非物质文化等方面，它们是否具有文化潜质、文化资源意义？显然，当今"古镇热"已做了响亮的回答。

为什么学者会去关注古镇？为什么游客越来越青睐古镇旅游？通过对成都市域古场镇的分析，我们可以一窥端倪。

成都古场镇的由来

成都古场镇备受世人关注，原因是在这块中国西部富庶又神秘的平原上，出现了很多与众不同的东西：三星堆、金沙遗址、古城址、都江堰……还有在密如蛛网的平原水系上，分布着宇宙图案式的大大小小的绿色斑点，那就是全世界罕见的、成都独有的生态原点——林盘。这是一个被世人忽略的全生态、超低碳、极富个性的散居模式，是人类经历万年后找到的宜居场所。长久以来，林盘显得十分神秘，而被四周大片乔木、竹丛围合，犹抱琵琶半遮面的屋宇时露时藏，让外人难以一窥究竟，越发加深了它的神秘。

林盘的具体形态是：清末以前，里面几乎都是一家一户的散居户，我们调查了上百林盘，没有发现一处是以血缘为纽带而形成的聚落或曰村庄，房屋都是草或者青瓦覆盖，穿斗结构，偶有祠堂或庄园大宅，不同于天井数量较多的多进民居，多悬山屋顶，就地取材，或木构、夯土，以卵石砌墙，如此而已。几乎所有林盘的散居户都在房前屋后遍植乔木、竹子、果树，以作生产生活之用。久而久之，房屋便被葱茏的林木覆盖。远远望去，在周围一片坦荡的、四季色彩变换不断的田园中间，凸出一立体的深绿色林丛，宛如圆形磨盘，林盘之称谓由此而来——这就是自秦统一四川以来，出现在巴蜀大地上，有着浓厚中原色彩的单户散居现象。但与中原地区有所区别的是，由于成都平原特定的平坦地理环境，川西林盘在分散的同时又被绿丛围合，呈现出一种立体的绿色景观，形状独特，有相当数量的林盘形成了很大的规模。

为何在川西平原会产生如此独特的居住方式呢？笔者认为，秦在全国推行的不准集中居住的制度是渊源。更进一步说，由于不准集中居住，人们就不会聚族而居，形成村庄、屯子等聚落。因此从这种意义上讲，林盘只是一个绿化非凡的单户散居体而已。川西平原没有聚族而居的村庄这个事实，已得到考古发掘的印证。在四川出土的千千万万汉代画像石、砖、棺中，没有发现一例是对聚落的描绘，包括著名的双流牧马山庄园图像在内，宅只反映出当时的建筑形态，而不能说明是否为聚落。而且遗憾的是，古人做建筑图像，极少雕刻自然环境如林木之类，只是干巴巴的房子，所以就没有当今关注的绿化问题——林盘现象了。其实我们从当时的生产生活和气候原因进行推测，则不难发现，林盘在那时实际上已经存在。

上述论断的核心是：以成都平原为代表的巴蜀之地，古往今来的农村，没有聚落，只有单户。问题就来了：人们交流、贸易、聚会、联乡谊、求神拜佛，又到哪里去呢？于是，一种适应社会发展的空间模式出现——以市街作为形态的聚落开始孵化、生成。如早起的露天草市、码头水岸临时交易场所，乃至逐渐有房屋围合而成的市、街，那里就是场镇的发端。而前面反复强调林盘绿化一式，又必然会引申到平原场镇的绿化上来，并成为和其他巴蜀场镇的不同之处。成都古镇因为有了林盘绿化基因而具备了当代生态特色，亦可以说成都古镇是林盘式古镇，其风貌在中国乃至世界小城镇中独领风骚。

林盘是成都平原独有的一种集生产、生活和景观于一体的复合型农村居住模式。一个林盘往往以数个农村院落为圆心，形成直径为 50—200 米的圆，圆圈内层是环绕院落的高大树木，外层则是耕田。

诚然，场镇的发生还与交通、矿业、宗教等类型有关，但成都平原纯粹就是一个高度发达的农业地区，它的生成基础是农民，所以成都古镇多为农业型。

古场镇是乡土服务中心

德国地理学家克里斯泰勒 1933 年创立的"中心地学说"认为：一个区域、国家，必然有以城市为特征的中心。围绕最大的城市规律性展开结构性的城市网络，从而形成大、中、小不同职能的中心地点和不同的空间结构，并呈规律性地分布，它们的职能是为周边地区服务。这个理论同样可以对成都平原城市中心论进行阐释。那么，成都市域内的古场镇就是"大、中、小"里的"小"一类职能中心了。它的空间结构是成都（大中心），周边原县城如双流、郫县、

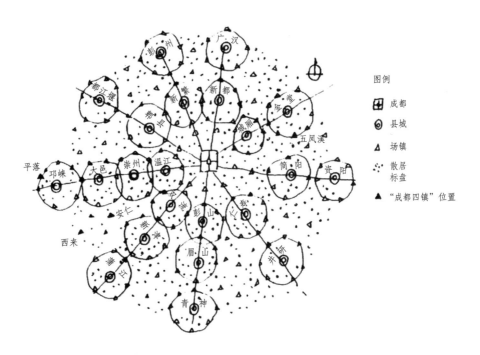

/⋀⋀ 成都周边场镇分布示意图

新都、金堂、蒲江、邛崃、大邑等（中中心），县城周围场镇（小中心），三者互为依存，亦形成规律性的选址，即建镇格局。如果再往下就是散居在这些城镇周围的单户或林盘了。从这一点来说，这种大、中、小格局的"小"不是自然聚落而是小镇，因而具备了对周围农村的服务能力，从而成为服务中心。显然，这在职能上是不同于自然聚落的。如果此理成立，即意味着，自秦以来，巴蜀地区大、中、小城镇结构体系已经开始逐渐形成，成为完备的中心构成层次。如果仍停留在聚落层面上，其血缘结构的宗族特质不可能公平公正地成为服务中心。所以，场镇是社会进步的机制体现，是 2000 多年来就形成的城镇体系重要的一环。当然，这一切又和场镇人口构成的非血缘体系有关，尤其是和秦以来不断增加的大规模外省移民有关，因为只有"五方杂处"，才可能对封建血缘性的各类物质组团形成最大的冲击。

如果把大、中、小散户作为点，水系、道路作为线，四季色彩变化的田野作为面，俯瞰成都平原，其点、线、面等形式构成的大地肌理犹如宇宙图案，真是美不胜收。它们的多样统一在于这些形态的丰富性，而且它们还在不断运动和发展，时间上没有终点了，空间上也无可预料。在农业时代的成都平原，这种状态虽为人作，又宛如天开，是世界城镇中一个无与伦比的大美田园体系。

而这一切又需回到"点"上来。这些散户和林盘是大大小小的母体，创世般地编辑大地图案，同时又创立了多元的、复合的、立体的社会结构，提升了生产力，改变了生产关系，成为平原发达的农业巨大的推动力。成都古场镇作为前沿的农业型聚点、服务中心，林盘功不可没。

古场镇的形状和神态

成都市域古镇大部分在平原上，小部分在丘陵、山区。无论何处，它们千方百计想靠近水边，然后建一条街道顺着水岸铺陈，街道两旁再建些民居、商铺、宫、观、寺庙。所谓风水有理于其中，其实多多少少是神秘化了。但视水为上、为善、为脉、为命则与生存休戚相关。无论何镇，一查发端，最先入者必然先找水，或泉、溪、河、湖，把生存摆在第一位。在平原上，古代通船、通筏的地方，有码头、水埠的人家肯定是入住最早者。仅此，已经和纯粹的农业自然聚落不同了，不是做一族一家的营生了。突出之处是各色人都可以在这里一显身手，各行各业均可在此大放异彩，人间万象亦可风情展露。这就形成了一条街，通称"带状"的场镇形态。无形中街就成为四方八里的服务中心，是县城所在镇以下低一级的特殊市街形态聚落。

县城所在地街道必须是南北向、东西向，两条街道相交呈"十"字状布局。宫观寺庙等公共建筑必须摆在东西向街道的北边，民居摆在其他地方。如原为县城的崇宁县的唐昌、新繁县的新繁、崇州的怀远等，严格来说不能呼之为场镇，而是城镇。因为城有墙围合而曰城墙，有镇于其中为城镇。而"场"者，无围合的开敞地也，和街道一起而已。二者形状差别太大，场镇称谓低一级，故名。场镇里面包含随意、自然之意，故公共与私家建筑大致可以混存，不讲究南北、东西。所以，相比之下，古场镇形态往往起伏跌宕、集中多变、杂陈丰富、曲折婉转。

不过，从与县城和省城的关系上来说，场镇街道方位、走向就有规律了。东西南北数百个场镇，不是以县城为中心就是以省城为中心，或先县城后省城。表达方式以场镇街道走向为准。举个例子，徒步从都江堰到成都，要经过聚源、崇义、安德、郫县、犀浦、土桥、茶店等场镇街道，你不觉得徒步过程非常顺利自然，能毫无阻隔地穿街而过吗？这就是省、县城中心的魅力和之所以叫中心的职能形态辐射，无障碍的空间呼应贯通，似乎凭一根直线就可以在都江堰与成都间穿过场镇街道。举一反三看其他方位，也是同理可证。但县与县之间的场镇街道走向又有区别，与大中心即成都方向无关，只是因两县之间直线联系从而形成街道走向。

成都平原无论城市还是场镇，都是一条主干道路，以成都或县城为端点，端点就是中心。它需要用街道这样的"线"来表达，于是这些街道成为去成都或县城最便捷、最出生意、最有景观、最有文化、最具人气的经济走廊和美学走廊，概而言之谓之人文展廊。如此，构成了以成都为中心的有"线"可寻的庞大辐射网，网络就是成都平原居民用脚丈量出来的人文坐标，坐标点便是城镇和场镇。

当然，街道又是成长或消退的生命体，经济越昌盛，中心城镇越发达，人流就会越多。相反，经济衰退，街道也就停止生长了。还有一个有趣的现象，川人方向感较差，不知是否与场镇遍布有关。像成都平原，本来平地易于利用日月星辰相准方位，但恰恰不讲此论的大量场镇出现，加之太阳天少，阴霾天多，于是人们多以物象来描述，诸如"抵拢倒拐""出场口顺到石板路走"之类指向，却又给场镇增添些许神秘。

乡土建筑文化富集之境

全国各地古镇，集"九宫八庙"于一镇中者，实不多见。而巴蜀之境，尤其成都平原古场镇，则会馆、寺庙、祠馆等公共建筑林立，不少拥有半镇之势。发展到清代，随着"湖广填四川"的移民高潮到来，其势更盛，尤以移民会馆为最，有湖广人的禹王宫、广东人的南华宫、福建人的天后宫、陕西人的关圣宫、贵州人的黑神庙、江西人的万寿宫、世居川人的川主庙等。再有行业祠庙竞相争辉，有航运业之龙王庙、屠宰业之张飞庙、医药业之药王庙、商业之财神庙等。加之一些佛寺、道观之类，可以想象，区区弹丸小场镇，能容得下、承载得起如此多数量、大体量的金碧辉煌的阵容吗？虽然一场一镇不可全有，但多多少少也构成了巴蜀古场镇无与伦比的乡土空间特色。到清同治、咸丰年间第二次川盐、川米济楚之时，盛产大米的成都平原以至全川得到一次发展机会，从而成为中国内陆经济文化鼎盛一时之地，也成就了大兴土木、全面营造的局面。现存的大多数公共建筑和庄园、豪华宅第均兴建于此时。

有公共建筑，必然有维系呵护其存在的芸芸众生，载体就是民居。封建社会，百姓依附权势家族、行帮生存，各种势力要在一场一镇中得到平衡，相安无事，最易在民居建筑的形制、位置、尺度、进深、材质、装饰等方面表现出来。无形中，民居和公共建筑一起造就了场镇空间的天际线、轮廓线、节奏和韵律。若此镇由文化人主持修建，有前期规划意识、后期补景设计，或有慈善家、开明人士、乡贤捐助，或乡人共建，其功能和布局结构就能不断完善。也有的场镇在周围布置亭阁等建筑，但很少有塔之类的风水景观构筑物，而场镇中街楼、戏楼、桥梁、碑林、凉亭、檐廊、水井等小品建筑者则比比皆是。尤其鸦片战争后，由于西方建筑文化浸染，天主教、基督教等宗教教徒在成都平原首开中西建筑结合的先河。不过摆在当今来看，这些教堂建筑大都相当尊重中国文化的传统，两者谐构得非常得体，亦成为一景。

于上如此，皆为川人好尚人文之风的特性，造就了四川的场镇人文荟萃，景观大成。说到底，这是一种地域性极强的乡土人文活动和展示、一方百姓智慧的表露，这里面有传承、借鉴、集萃、创造，有时代烙印，有大师手法，有工匠小韵。这是一部乡土大书，也是一部天书：有的可读懂，有的让人茫然；有的独出心裁，有的莫名其妙；有的霸道，有的谦逊……这就是四川成都平原场镇的城镇人文史，绝对的社会发展断面。

风情万种话古场镇

传有巴蜀古场镇、成都古场镇同质之说，流行甚广。其实，这是没有深入了解的原因，是大众绘画美学对建筑浮泛的解读，似乎有些肤浅了。

建筑学，从广义上讲，是近乎对社会、自然均有所覆盖的一门学科。一般人多以外观是否好看作评价。就巴蜀四五千个古镇而言，实则非常复杂，有廊坊式、云梯式、包山式、骑楼式、凉亭式、寨堡式、盘龙式、水乡式等，只要深入下去，就会发现它们有不少独特之处，可循此找到空间体征，最后得出一个深度的情理相容的结论。

如蒲江县西来镇，在周围山峦上鸟瞰：有绿冠如云的竹丛，黄桷树大丛大株地覆盖着一条青瓦木墙的老街，周边又被夹于临溪、小河两水之间，偶有炊烟升起，薄雾环绕，白鹤低翔。你一定会想起平原上的林盘，一种大林盘的静谧优美，一种成都平原古风弥漫的农耕原貌。唯一的不同在于里面的农家房舍变成了一条街——一条差不多就是由本地农民经营的街道。这农商一体的场镇，其外貌、内涵不是林盘的放大、变异、发展，一种纯农业的林盘场镇又是什么？这就是空间特色，一类区域色彩浓厚的乡土原生人文与自然的复合景观。

再有邛崃平乐镇，作为水陆两栖口岸，宋《元丰九域志》言："平落（乐）镇水陆通道，市口繁荣，纸市尤大。"说的就是秦汉以来，这里不仅有竹筏通往新津、乐山，形成水码头，成为造纸产业的产销基地，还是南方丝绸之路重要的旱码头，鹅卵石铺就的 3 米宽古驿道至今尚存。所以码头是此镇的关键词。那么，围绕它发生的一切空间现象都应该与码头有关。抓住这一点，则古镇成因、形态、现象从根子上都能得到圆满解释，其空间景观亦可由此追寻或延伸，从而使我们对古场镇的认识不流于表面化，不只谈皮毛之立面、装饰等点滴和局部了，也即是所谓的内涵，无论何种研究工作，事物发生发展的开始阶段即原点，切不可丢失。

大邑安仁镇，更是一个个性傲然、卓尔不群的场镇。特征是：街道两旁建筑多是权倾一时的民国上层人物的公馆大宅院，临街店铺则多是宅院下房，它们相对成排，中间留出通道，于是成为市街，直直的，宽度高度一样，每户开间尺寸差不多，细节构造也差不多……这就是民国年间房地产的商铺类。但它构成了组团，形成市街并拥有一类与成都其他场镇特别不同的形态和景观、分布与数量，尤其是延续了清以来场镇形态的发展，它的意义就非凡了。

还有成都平原边缘山区的场镇，这个量也是不少的。拿金堂县五凤溪镇来说，它是一个山地型古场镇，虽因沱江航运码头而生，但是其靠着山，因此，一切空间生成皆由地形而定，无论街道还是公私建筑都有极强的个性。关于"五凤"一名，有五凤为五个山头之说，又有五街对五凤成全对景说。此不但协调了山水街道关系，还控制了市街的规模，以免无序膨胀。公私建筑纷纷以山水为依据，由地形主宰，似乎不遗余力地追求风水，哪怕风水选址要素不甚周全，也要找个说法。故有半边悬崖上开街，有坡街，皆成起伏跌宕貌，建筑也自由随意，倚岩临水而生，显得分外高峻而神秘。当然，整体形态就给人一反常态的奇险感、丰满感，这在成都就别具一格了。

综上几例成都古场镇的简况，无非表达一个不同的空间形态概念，但本文也只是泛泛而说，而且多以广义建筑学的角度在观察问题，自然不可能面面俱到。如此而已，尚需谅解。

三峡场镇环境与选址

三峡场镇环境包含自然环境和人文环境两方面。自古以来，这种环境随着时代变化而变化。比如自然生态方面，我们从某些外国摄影家20世纪初拍摄的关于长江三峡沿岸的作品中发现，那时两岸山峦基本上是光秃秃的。所以晚清以来建筑用料越来越纤细，而这种状况又引起上游森林地区的乱砍滥伐，同时带来木筏漂流业的畸形发达。我们今天看到晚清公共建筑和一些大户人家的粗壮柱子用材，不少正是从岷江、金沙江漂来的，这种势头直到20世纪末才被遏制。

三峡沿江生态失衡导致的恶果，著名的有秭归新滩镇场镇被泥石流淹没以及云阳鸡筏子滩泥石流几乎截断长江两个事例。而三峡地区每年大大小小的泥石流不断，这就影响着新场镇的选址及老场镇的安全。自古以来，人们对居住环境的选择至为谨慎，古人为此总结了一套完整的经验。当然这套经验的经典就是掺杂着风水和其他实际而又充满理想的生存必需元素。

古老的渔猎遗风

我们从大溪考古中发现，在探访的文化层中挖出很多鱼骨。这是5000年前甚至更早，人类在三峡生活的真实写照。问题是这个地方还处在两水即长江与大溪河相交的三角地带上，考古学家认为是三级台地。几千年来，这里的地质状态、生态系统没有发生过根本性的变化，是宜于人类栖息与生存的地方。几千年不大变的地方在整个三峡沿江地区是不是具有普遍意义？即三峡居民居住选址是否都传承着5000年前古老的人类居住选址的遗风？答案是肯定的。但渔猎不是唯一原因，只是很重要的条件，是一种潜意识中影响生活便利性的因素。

长江干流有很多支流，在两水相交之地，支流往往带来很多鱼类的食饵，而支流水的流量流速受到干流巨大冲力的节制，形成若干回旋，这就形成鱼类聚集，为渔猎之人提供了天然渔场。如果遇上洪水时期，支流成为大小船只尤其是小渔船的良港。显然，两水相交的三角陆岸，不管它是坡地还是台地，就成为人们常集中的地方。鱼与其他物品的交易等均可于此进行，这也许就是最早场镇的胚胎草市。1994年，笔者在大溪镇调研时就在大溪河边的渔船上买了几斤麻花鱼佐酒。直到今天，两水相交处仍是渔船出没之地。不独三峡，整个川江水系网，过去只要是上述水流交汇处，自然均会衍生出人与鱼的故事。若无人，水禽也会常常光顾这里，此是生物共有的特性。

若我们选择长江的非两水交汇的江岸来追寻渔猎古风，则很难发现上述生态优美之处。不过这里我们提出一个问题：为什么三峡古镇无论北岸南岸，大镇小市都几乎选址在两水交汇处而不在其他地方？后来我们从大溪文化的发现处找到了人群最愿意集中的地方，并从随葬的鱼骨中得到启示。其实古人早就发现了这一规律，并运用了很多道理去解释。笔者甚至认为风水选址皆是由此得到的启迪，而不是风水在指导人们去如何选址。原因很简单：若干年后风水之说才兴起，接着它又被用来指导聚落及房屋的选址。其基本山水物象与大溪时代何其相似，尤其把水看成江边人生存的最关键条件。

风水选址水唯上

建筑上的风水选址说到底就是根据水、陆两大部分来选址，任何风水之说离开水就不能称其为风水。住在无水之地的人，风水说可以引水、造水、借水造景补景。但所有水景都必须在聚落或房屋住宅的前面，若前面是南方更好，东南或西南方也可。风水术的本事就是集合中国南北优秀的传统聚落与住宅的

/∧ 云阳张飞庙　　　　　/∧ 张飞庙大门斜开

选址的长处，然后把它们综合优化成指导性的经验。其实，凡南北各地聚落与住宅的传统选址皆参考风水之说，不足是存在诸多限制，不可能事事皆全。比如三峡长江是东西流向河段，传统场镇选址多在两水交汇之处。但从人类生存的必需来说，这种古老的选址也就够了，它可以让那里的居民生活过得去——实际上是粮食和水源两大基本生存条件的保证。然而龙脉祖山的陆地和前面的河流同是人须臾也不能离开的，不管二者是在什么方位出现均可。于是我们看到三峡自古以来，不论南岸北岸，凡城镇村落都不约而同地在两水交汇处，在长江干流和支流的交汇三角地上落地生根。那些宫观寺庙亦如此法选址，如云阳张飞庙、香溪水府庙、奉节白帝城、忠县石宝寨等均无一例外地忠于此法。而稍微有条件的民居选址则更是如此。显然这里面从风水角度而言，更多的是顾及龙脉的山和朱雀的水的关系，其他则只能有所懈怠了。

在山和水的关系上，长江三峡场镇居民的特殊性在于多数靠水而生存，而不是靠务农、种庄稼。所以他们视水为上，视水为生命。这种神圣性必然支撑着他们的理想和信仰。从重要性上讲，他们对水的依赖大于对陆地的依赖。那么，场镇也好，聚落寺庙、民居也好，它们的产生必然都与水发生关系。这就产生了"水文化"——产生近水而居、和水亲密、以水泛说世象等言行。其中选址上临水而居最为关键。就整个场镇而言，则更要让人人都能感受水的存在，水与生命、水与钱财休戚相关。

过去人们生活依赖的职业非常脆弱，长江边靠水生存的场镇居民占多数，受"人的生死贫富全由命定"等宿命的封建思想局限，听天由命是一个方面，而企盼用一些穿凿附会之说改变被动挣扎的人生处境也是一个方面。后者往往和科学的成分结合在一起评说，这就使得风水之学包含了不少主客观因素。比如场镇选址在两水交汇的三角台地上，其原因虽复杂，但便于设码头，是三角地辐射农村的端点，有稳定的地质条件等，均有科学依据。正是这些科学性因素的客观存在，才使两水相交之地成为数千年来人们乐于居住之境，并一直延续到现在。当然，时代局限又使得一些当时流行的思潮乘机和这些现象结合在一起以求解释这种现象的成因，于是增加了场镇产生、发展过程的复杂性。

普遍的选址情况

A. 两水相交夹角朝上游者的北岸。此类选址的优点是大型公共建筑依山而建，可得坐北朝南的最佳朝向。得地球自转偏向力作用之利，受洪水冲击没有南岸大，较安全，又是风水、儒学、民俗上最完美的解释，是无甚大缺陷的选址。

B. 两水相交夹角朝下游者的北岸。虽然有很大比例的县治和场镇是此况，但往往平行长江的上场口缺少了风水中朱雀之貌"金带缠腰"的两水相交状。此状给予了下场口，自然就损失了面迎长江上游风水之利的"进财"开口的更大空间。其他同 A。

C. 两水相交夹角朝上游者的南岸。主要缺陷是大型公共建筑必须依山而建，要求基础牢靠，因而损失了坐北向南的朝向，同时洪水冲击比北岸大。其他风水、儒学、民俗上的完满解释如 A。

D. 两水相交夹角朝下游者的南岸。这类选址如 B 类，但比 B 差，如洪水冲击比北岸大，南迎东北及河谷的冬夏之风。故此类码头宜在场镇中段开口，如重庆奉节安平场等。

另外，还有在长江干流岸旁而无支流相交处，甚至连一点象征性交流形貌的水沟都没有的地方选址者，笔者虽考察考证，尚未发现。

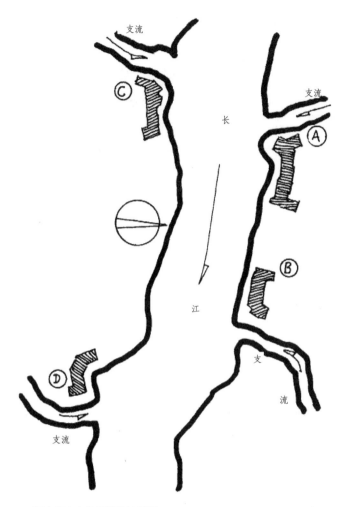

△ 两水相交夹角场镇选址概况

　　两水相交处的场镇主干街道多数靠长江干流，也有靠支流者，如石柱沿溪、西沱，万州金福、新田等，其因在两水交汇处地形险峭、河滩基础不好等。上述情况亦形成线形街道垂直于长江布局状，著名的是石柱西沱、巴东楠木园，不同点是地形是陡斜坡地。

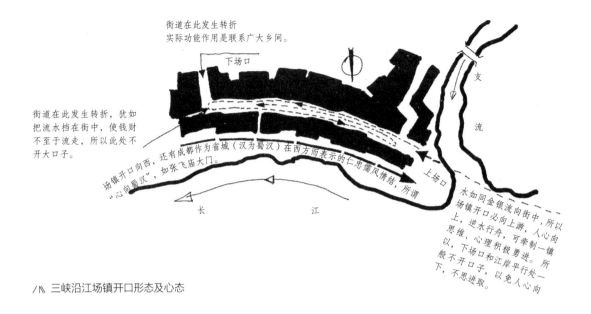

街道在此发生转折
实际功能作用是联系广大乡间。

下场口

支流

街道在此发生转折，犹如
把流水挡在街中，使钱财
不至于流走，所以此处不
开大口子。

场镇开口向西，还有成都作为省城（汉为蜀汉）在西方而表示的仁忠儒风情结，所谓
"心向蜀汉"，如张飞庙大门。

上场口

长江

水如同金银流向街中，所以
场镇开口必向上游，人心向
上，逆水行舟，可牵制一镇
思维、心理积极勇进。所
以，下场口和江岸平行处一
般不开口子，以免人心向
下，不思进取。

/⋀ 三峡沿江场镇开口形态及心态

心向蜀汉与心向重庆

云阳县城对岸的张飞庙，大门斜开向上游西方。不少专家和本地热衷地理研究的人士认为有风水原因，有的人则认为风水原因决然不存在，而是儒学原因，是大门向西方斜开的一个特例。原因很简单，张飞不是生意人，不希求风水中的水如同金银流向自己的怀中，以祈来世发财。全因张飞素以忠于刘备的仁义之举感动着后世，使后人建庙时主观地把大门斜开，确也是当时影响民心的传统儒学因素作怪。成都在三峡的西方，也是上游之地，把庙门向西斜开是老百姓的意愿，意谓张飞死后心还向着蜀汉，唯有在大门朝向上的变动才能凸显张飞的仁忠之心。

但是，在三峡，场镇、宫观、寺庙和民居中的大门斜开者就普遍了。奇怪的是南北两岸没有一家大门是向下游向东方斜开的，向上游斜开门恐怕大多数确系风水原因了。这一点，我们在上述已做了论证。但不可否认的是，湖北段的沿江建筑就没有四川段的此般讲究，在现今一般民居和寺庙大门向西斜开的原因上，有不少人还说有版图因素。此大概是由"心向蜀汉"生发出来的一种猜测，认为"心向蜀汉"还有属四川管辖的意思。然而湖北段就没有心向荆楚或大门向着武汉方向开的实例了，相反倒还有个别实例，如香溪水府庙也斜对着长江上游。于是三峡民居与寺庙中，凡晚清以前的建筑，则纷纷不是整座建筑斜向着上游，就是在大门和轴线关系上偏离，产生一个很小的角度斜向着上游。即使不行，至少也是垂直于河面。如果是整个场镇街道，众所周知，无论南岸北岸，也仅有一例大门面向河面，由于诸多功能因素，不可能家家都斜开门。还有另一例临河岸街道民居大门全部背着河面向着山坡，如此，正是前述所言，一个场镇必须以街道向上游方开口，亦正是归纳代表所有居民的意愿，那么，就用不着家家都斜开门了。同时"心向蜀汉"，向着省城成都的区域归属感也在空间上有机地达成了。上述是龙门阵，是故事，但不难看出潜在的无可置换的选址因素是故事最根本的出发点，也是为了这种选址的自圆其说。

重庆以下长江三峡段地区，居民的生存很多因素都与重庆有关，所有的江岸场镇可以说是去重庆的跳板或驿站。居民言必称"千猪百羊万担米"，这是清代传下来的描绘重庆每日物资消耗的口头禅，故也有个"心向重庆"的选址问题。当然，重庆自古为"巴国"中心，其形成正是与水系有关。重庆水界三方：一为嘉陵江，二为长江以重庆为界的上游，三为长江以重庆为界的下游（指巫山县以上）。三方的人以重庆为终端，故重庆是三峡地区的物质领袖，而"心向蜀汉"的成都是精神领袖。两相比较，三峡地区受重庆的影响远远大于成都，几千年来已成特征突出的区域文化体系。

三峡工程建设历经17年，终告一段落。但工程建成后，并非一劳永逸，库区仍面临诸多疑难：一是人多地少的基础性矛盾在库区显得非常突出，二是关于产业振兴的问题，三是生态环境的压力。

据2005年遥感调查显示，重庆三峡库区当时有水土流失面积23870.16平方公里，占土地总面积的51.71%，是我国水土流失最严重的地区之一。

另一个就是地质安全的防治。重庆大学教授、三峡问题研究专家雷亨顺称："三峡地区因造山运动形成，历来地质环境脆弱，它的岩石并非整体而是破碎的，像一个有着完好皮肤的人，但内部却是粉碎性骨折。"

成都城市"山"与轴线遐想

古代成都城市规划严格遵循"轴线"制度，至清代出现了两城两轴线同仰借一山（武担山）的奇妙现象，一虚一实，一主一副，大城为主轴线，少城为副轴线，以这两条轴线为中心进行规划，这种思想对今天成都的城市建设具有重要的参考意义。凤凰山是成都北部屏障，在"北改"过程中，可以将凤凰山和人民北路、人民南路这条轴线对接，营建成都南北世界第一长度的中轴线，并注意凤凰山的生态、文化建设。

一

成都自秦代建城至今，经历无数次城市改造，中轴线的控制和走向已逐渐成为城市发展的生命线，明代中心皇城校正前期，城市东北、西南街道走向规整为正南北方位的结构，其本身的发展演变与所蕴含的建筑、风水、文化等方面的价值与意义亦有探究的必要。

中国古代无系统的城市规划理论，但有一套完善的规划建设制度；风水、阴阳五行等概念也相当具有系统性，两者的结合便形成中国城市规划思想，对城市的形成、布局、发展有很大影响，里面有些是糟粕，也有一些城市规划建设的经验总结。它汇聚了古代的文化与唯物自然观的建筑空间艺术，也累积了城市发展的客观规律与经验。去其糟粕，取其精华，现代城市规划理论可以对

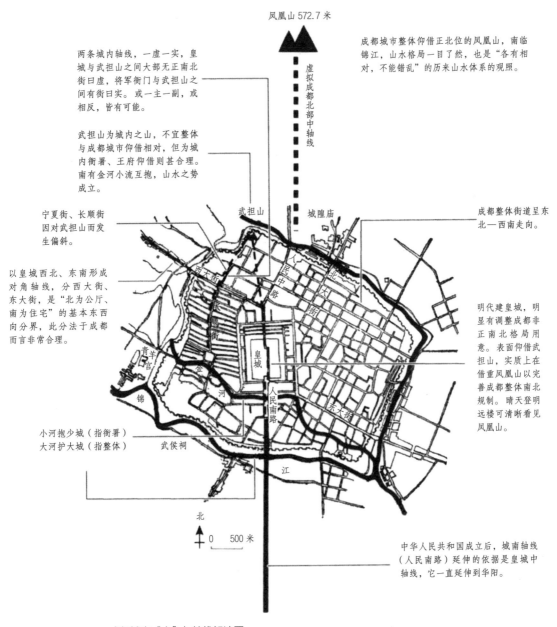

凤凰山 572.7 米

两条城内轴线，一虚一实，皇城与武担山之间大都无正南北街曰虚，将军衙门与武担山之间有街曰实。或一主一副，或相反，皆有可能。

虚拟成都北部中轴线

成都城市整体仰借正北位的凤凰山，南临锦江，山水格局一目了然，也是"各有相对，不能错乱"的历来山水体系的观照。

武担山为城内之山，不宜整体与成都城市仰借相对，但为城内衙署、王府仰借则甚合理。南有金河小流互抱，山水之势成立。

宁夏街、长顺街因对武担山而发生偏斜。

成都整体街道呈东北—西南走向。

以皇城西北、东南形成对角轴线，分西大街、东大街，是"北为公厅、南为住宅"的基本东西向分界，此分法于成都而言非常合理。

明代建皇城，明显有调整成都非正南北格局用意。表面仰借武担山，实质上在借重凤凰山以完善成都整体南北规制。晴天登明远楼可清晰看见凤凰山。

小河抱少城（指衙署）
大河护大城（指整体）

北

0   500 米

中华人民共和国成立后，城南轴线（人民南路）延伸的依据是皇城中轴线，它一直延伸到华阳。

/∧ 成都城市"山"与轴线解读图

其予以评价与借鉴。这是历史唯物主义者应采取的立场，更是创建城市的区域空间特征、树立城市个性形态、提升城市在国际竞争中的品位的重要手段。

自公元前311年张仪筑城始，成都就有了大城和少城，《华阳国志》记载其城市规划"与咸阳同制"。究竟同制到何等广度与深度，相关史料稀缺，说不清楚，但这样一座具有浓郁中原城市规划特色的西部城市，则是值得反复品鉴的。尤其是中华人民共和国成立以来，经历城市改造、优秀规划师们的努力，成都城市的古典规划不仅有保留，还创新和延伸了不少。如总体街道骨架非正南北，而是东北、西南向，针对城中心皇城，即明代藩王的宫城大格局，则规整地按城制建造，方正规则，并且将正南北向的格局保留了下来，这是很不容易的事情。当然，少城的胡同和整体格局也同时保持了清代兵营味浓烈的"蜈蚣"形态，也是值得一书的。尤其令人惊叹的是，自新中国成立以来，对人民南路、人民北路的改造是睿智的，能稳稳地把握住成都城市脊梁中轴线的控制和走向、城市发展的生命线，卓有远识地将人民南路延伸到华阳，其深邃眼光直逼现今天府新区的规划思维，任何背弃、游离这条轴线的行为，将可能使城市出现无序、松散、迷失的情况。

我们不得不回到这条城市轴线的由来上来。众所周知，这条轴线理应是明代中心皇城校正前期城市东北、西南街道走向规整为正南北方位的结果。这条轴线是否与其正北向的武担山甚至凤凰山有关，是否"蜀汉宫城在武担山之南"[①]的延长，或者还有其他原因，皆是可以引人深思的。

二

成都于清代出现与明代的"皇城"中轴线格局大为不同的两城两轴线同仰借一山的奇妙现象，无疑是自古以来国人在治城上采取的以空间凝聚人心的手法。

成都城市中心明代皇城（蜀王府）形成正南北方位，若画中轴线向北延伸，它的端点从风水角度言，向北必有一高地与皇城前的河流形成山（阳）水（阴）合抱之势，显然武担山就凸现出来，此山正在北向不远的端点处，基本在正北位上。

成都属平原，若有一丘状高地，权可当山。其貌必然为易学在风水畅行的古蜀社会所应用，就是民间建房也要觅一处依山傍水之地，何况王府之宫？其

---

① 引自罗开玉、谢辉著《成都通史》之《秦汉三国（蜀汉）时期》，第88页。

基本依据风水说法太多也太滥，但有一点，视北为尊应为重中之重。仰借北方之山，首先是祖山龙脉之境，此理不仅有明代南京、北京城市及宫城的规制影响，更有近在眼前的阆中、三台、昭化诸多风水典范的实例参照。尤其明初太祖还颁布让地方衙署遵循的范式政令规范，想来蜀王府是不敢越雷池的。但武担山"见高阜为武担山，昔五丁为蜀王担土成冢"[1]，实为坟墓土堆，不是自然高地，若为祖山显见勉为其难，更没有因之延展的山脉，即龙脉呈绵远状。

中国风水不是科学的规划理论，但强调对景、借景、补景等灵活的规划手法，以求得居于山水之间的天人合一实践，是善于整体思维的结果，也是国人治城治国治理事物的飘逸风范，因此，拜武担山作祖山更多的像景观文化图式。但它确实成全、构成了蜀王府与武担山之间的一条南北轴线，就是两者之间没有出现一条通衢大道，空间上一条虚置轴线是客观存在的，若因此要修建一条街把两者联结起来，形成实实在在的轴线，也是言之有理的。

当然，仰借武担山还可追溯到三国蜀汉时期"蜀汉宫城在武担山之南"[2]时，诸葛亮"营南北郊于成都"[3]，就有可能把宫城建在明蜀王府与武担山之间，而视武担山为祖山，也可能两者之间有轴线关系。这说明历代王朝建都城是极重视武担山举足轻重的地理位置的。

无独有偶，在蜀王府西的少城，也出现了一条轴线，那就是长顺街、宁夏街。

清代雍正五年，四川省会由保宁（阆中）迁来成都，新城即大城得以大修，然而满城即少城已先其9年就开始砌城。少城既为兵营，同时也为城池，不以兵营相称而以"少城"或"满城"谓之，出现"城"这一形态概念。新大城以蜀王府为中心，靠北倚重著名的武担山，向南临近锦江，亦以其为轴心形成南北中轴线，有效地校正了成都城市中心正南北格局。那么"满汉分治"的核心机关——将军衙门又该当如何处置呢？

首先，从地形标高看，将军衙门标高505.54米，位于长顺上街三岔路口处，

---

① 引自罗开玉、谢辉著《成都通史》之《秦汉三国（蜀汉）时期》，第89页。

② 同上。

③ 同上。

向南至金河酒店门口为 504.30 米，向西至宽巷子与下同仁路交会处为 503.76 米，向东至桂花巷为 504.45 米，而处于南北向的长顺街均在 505 米左右。虽长顺街仅高东西两侧 1 米左右，但在地形上恰成脊梁之位，又居南北之向，轴线之成别无选择。关键是街之北向出宁夏街正对武担山（正是造成宁夏街、长顺街发生偏斜的根本原因），南端至金河湾，将军衙门正处于长顺上街南段两条分岔至金河路的围合之中，同时又将将军衙门推至南北向长顺街的南端制高点上，其形其貌极似蜀王府格局。于是长顺街就天然构成满城的中轴主干道路，成为满城的脊梁，加之城墙围合，所谓"满汉分治"才有了形态之载体，而不是一句空话。

这种格局同大城蜀王府一样的是将军衙门，不同的是蜀王府在清代没有把武担山与之连成一条街（明代情况不知），而将军衙门向北形成轴线，通往武担山的是一条无障碍之中轴街，这就有力地控制了少城的整体城池，同时也达成了风水考量中山（武担山）水（金河）合抱的居住理想。当然，这里面也有实用功能的考虑，比如：因是军人之军营，一声号令便可集中在宽于所有胡同的长顺街（宽 11 米）上，还有地表水东西向能由高向低地自由排放等。

上述，在成都城市格局中，于清代出现了两城两轴线同仰借一山的奇妙现象，一虚一实，一主一副，大城为主轴线，少城为副轴线，构成了虚实相生的意象。诚然，秦以来的大、少城奠定了地理历史基础。历代政权更迭，不变的是城市位置格局。无论何故，城市北方有山、有丘不是坏事。或许，满城另立轴线还潜隐"满汉分治"的用意，进而取代明皇城轴线，也是言之有据的，因为已经改朝换代了。

三

成都正北的凤凰山和城市之南的锦江真正形成对整体成都的山水相拥、南北合抱之势，风水意义极佳。但因其与城市的总体东北—西南朝向有一定偏斜，因此其风水价值与意义一直被无视。

上论两地与武担山的轴线关系，是否因此就校正了秦以来沿锦江布置的整体城市东北—西南向格局呢？成都又去哪里寻找与之相依、阴阳相抱、山水围合的理想选址呢？为什么古人非要选址于今址呢？

平旷之地的高丘凤凰山，基本位于成都城市正北方，高572.7米，面积约4平方千米，与成都市中心高差约76.3米，距市中心约6千米。傅崇矩《成都通览》说成都山有天回山（在天回镇）、凤凰山（在北门外）、武担山（在城内）。天晴时在皇城明远楼上可见三山，并东北向过天回山，与龙泉山脉北段逶迤相连。

如果以蜀王府为中轴线向北延伸至凤凰山，向东北略有几度偏差，但基本上位于成都城市整体的正北位。山之形貌相对独立，呈钝角丘状，雄浑中不乏舒缓，在成都平原上显得非常震撼又非常优美。这个位置和城市之南的锦江才真正形成对整体成都城市的山水相拥、南北合抱之势。然而这样重要的山形地貌、北尊之地，为何历来文献资料少有披露呢？事情恐怕出在城市的总体朝向为东北—西南上。就是说，如果以凤凰山为正北祖山之位，就会与成都城市整体街道走向形成一定的偏斜角度，这在风水上就显得勉强了。所以，明代皇城蜀王府校正成都城市方位似有二意：一是以武担山正蜀王城单体方位；二是以单体仰借凤凰山正整体成都东北—西南向方位，或代表整体城市方位。古代没有远距离精准测绘仪器，能大致确定意会北方正位，其中有一些偏斜，也是常见的，因为北方是一个大角度概念，而不仅仅是正北的垂线。因此，成都城市东北—西南向街道就成为其次。此正是国人历来整体观察事物、天人合一的滥觞。在中国没有任何一个古城、都城、省城拿到像凤凰山一样的北位之境的山丘而不做文章的，而"易学在蜀"的核心成都，恰恰就少见文献对它的记载。文本不是考证文章，只是一种猜测、疑惑。

无论如何，成都北方近距离有高出城区70多米的大山丘是可视、可察的，即使是古人城市选址的偶然，于今从环境学、生态学、城市学、文化学、历史学、景观学角度看，也成了成都战略发展的宏巨资源，理应是成都城市精神生命的中流砥柱、成都文明的山川图腾、真正的川西平原宇宙图案、成都永恒的城市标志。

最后，再追问一下2300多年前的张仪：当你初筑成都时，你真的没有看见凤凰山吗？那时又没视觉障碍，空气透明度也高。

四

作为有着 2300 多年历史的古城与国家级历史文化名城，成都应重新认识凤凰山的城市文化意义，应以凤凰山作为成都城市中轴线北段端点并进而规划、建造以其为核心的一系列文化景观，使其真正成为成都文明的山川图腾、成都永恒的城市标志。

基于对成都山与轴线的认识，除人民南路中轴线外，北部轴线从人民北路至火车北站就到端点了，似扭曲中有些言不由衷。今北京拿中轴线正式申请世界文化遗产名录，迎接建都 860 周年，拨巨资专项用于中轴线的古建维修，还恢复重建一些古建筑，着意重现中轴线的神圣，确保能量的顺畅流动，企盼城市永恒兴盛。那么，成都作为 2300 多年的古城、历史文化名城，是否也应该名副其实地做一些相应的工作呢？于此建议：

第一，以凤凰山为成都城市中轴线北段端点，营建成都南北世界第一长度的中轴线（包括天府新区）。

第二，以凤凰山顶为圆心进行量化，确立保护半径，法规化凤凰山保护面积，做到发展长远的有据。

第三，凤凰山绿化全覆盖，以大乔木为主，真正形成成都北部生态屏障，为生态田园城市增绿添彩。

第四，"北改"战略上应以凤凰山为核心，创造和天府新区不同的文化业态、空间形态，以丰富成都的城市个性。

第五，在凤凰山南麓，划出一定面积衔接北段轴线，创建"蜀城"，以弥补历史文化名城古典含量之不足。"蜀城"应包揽四川尽量多的特色项目，真正成为四川物质与精神的窗口，从而形成四川文化产业主柱。

古人云：人杰地灵，仁者乐山，智者乐水。仁智为一体，缺一不可。

巴蜀场镇聚落脉象

概　说

　　自秦统一巴蜀至清末的 2000 多年间，巴蜀地区产生了和全国不太相同的建筑现象，就是只有散居和场镇聚落。这个范围主要以四川盆地为中心，辐射周边汉族居住地区。它是一个庞大、奇诡、神秘、纷繁、至今尚未真正揭开面纱的人类特色聚居领域，是一座中国乃至世界罕见的乡土建筑古典富矿。巴蜀社会史的丰富断面，更是现代小城镇千镇一面很值得镜鉴的乡土教材。它的精彩在于至清末已累积了 5000 多个场镇聚落，从数量与质量的辩证关系理解，经 2000 多年的岁月历练，必然产生相当了不起的成绩。之所以产生这种现象，有一个根源即原点问题。

　　灭六国后，秦大力改变过去的制度，为鼓励竞争，发展生产力，便于统治，遂打破聚族而居的宗法传统，规定成年之子必与父母兄弟分家。随后秦灭蜀，秦又把这种"浸淫后世，习以为俗"的民俗带入巴蜀。于是散居田野的单户现象开始出现，并一直延续至新中国成立前。这样的风俗为什么强劲持久，并由此使巴蜀大地出现诸多单体与聚落，产生独特的空间嬗变和走向呢？这就是巴蜀乡土建筑上出现的两类系统，亦即脉象者。

　　一是单体系统。这是经济、民俗等诸多关系发生变化后的散居动向，主要体现在把住宅变大和变豪华上，同时断绝了"聚族而居"，向聚落发展的道路。它的脉象是：独幢—曲尺型—三合院—四合院—纵横两向多进合院—庄园平面及空间的系列变化。庄园成为单体理想住所的最高境界。这是农业社会小农生产"万事不求人"的必然结果。当然，它不能解决社会发展所面临的若干问题，诸如交易、交流、聚众、寻觅、信仰、结社等，尤其巴蜀还是历来的移民之地，就更有一个区域移民认同的场合问题。诚然，更重要的是县城以下的场镇层级建制的选择等，都需要一个新的聚落形态以承载上述诸事。单体是一个相对独立的项目，不在本文探讨之列，是导致场镇产生的根本原因。

二是有市街的聚落系统，即场镇。这类聚落的基本形态和特征就是必须有街道。此系统的复杂性表现在很多方面，如有的以农业为主，有的以交通为主，有的兼而有之，有的又因产盐而生成，还有的和名山圣寺有关。而在选址上，绝大多数又与水相关，都可泛说风水原因，多多少少有一些相关的山水特征来对应。最有感染力和亲和力的是从场镇发端到空间，从周围环境到内部道路、建筑，从民居到公共建筑等，都有与之融会的故事，特别而卓有文化品位的是不少场镇形态的拟物化、形象化，把巴蜀场镇从内到外推到一个非常高的营造境界和美学境界，亦即里外各有偏重的个性化，从而揭示了千镇千貌的生成原因和规律。凡此种种，都是散居田野的单体建筑不能做到的，也是自然聚落在移民社会中难以生成的，因此，场镇聚落成为必然选择。

场镇严密合理的布局

四川盆地是一个地貌完整的地理形态。它的地理封闭性容易形成相对独立的物质与非物质文化体系，加之经济发达，更易把两者推至一个独特地域文化的高峰。比如，道教的产生，三星堆、金沙青铜文化的非凡，汉代易学、天文学的高度，乃至川菜、川剧甚至近现代名人辈出，等等，都与盆地形态有关。拿此观点看盆地内汉族聚居区的城镇分布、格局，决然又是一派卓有个性的、和全国不同的物质与非物质文化体系。

自古以来，四川盆地内存在巴与蜀两大族，又分别形成重庆和成都两大中心城市。

围绕两大中心城市，又分布着若干市、县。市、县之下则是星罗棋布的场镇。于是，在巴蜀大地内就构成了大、中、小不同职能的空间结构和不同的中心地点，亦有严密的规律性布局。职能就是为周边地区服务，这种围绕最大城市规律性展开的结构性城镇网络，在盆地内又呈现双城中心格局，是国内的独特现象；但在城镇布局的分而有合的协和上又显得非常流畅，彰显了同属于一盆地的亲和性。它表现在场镇街道的走向和双城的向心聚合上，即成渝古道上的场镇街道几乎全部是东西向：东连重庆，西接成都。虽然它是徒步时代的产物，但构成了四川盆地的交通干线和人文主轴：有了它便充满活力，实则串联起了全川的中、小城镇，其中最活跃的元素便是场镇。因为它数量最大、动态性最强，于是围绕两大城市形成了以下几大组群：

以成都为中心辐射周边若干县、市的场镇组群，主干街道与成都形成向心辐射网状。

以重庆为中心辐射周边若干县、市的场镇组群，主干街道与重庆形成向心辐射网状。

以长江干流为纽带辐射通航支流沿岸的带状场镇组群，主干街道与河流平行为主，分别以成渝为中心形成网络。

以上几大组群实质上构成了巴蜀地区乡土建筑发生、发展的核心地区，场镇不过为其支撑面而已；是大、中、小城镇架构网络中密度最大的部分，也是场镇形态发育最充分的部分。与其相邻的省区则出现了空间过渡性很强的形态特征。

如成都中心外缘，岷江上游藏族、羌族、回族地区过渡带，陕南交界地区，岷江西彝族、藏族区过渡带，西南金沙江与云贵高原过渡带，场镇开始减少并与聚落混存。二者存在相互模仿的趋势，形态互有渗透。

再如重庆中心外缘与鄂西、鄂西北、湘西、黔北交界地区，也呈现场镇与聚落混存、相互形态模糊、场镇逐渐稀少、形态松散等征候。以上特点表明巴蜀散居文化影响力、约束力逐渐消减，外部聚落强势介入势态。

特别值得强调的是，盆地周边过渡带出现了几座著名的中等城市，其人文特征中混存着浓郁的巴蜀色彩，它们是陕西汉中、湖北恩施、贵州遵义、云南昭通。此况能否解释为相邻地区具备了产生这些城市的基础面、支撑面，包括场镇在内的诸多人文构成，以及历史上和巴蜀的亲密关系？

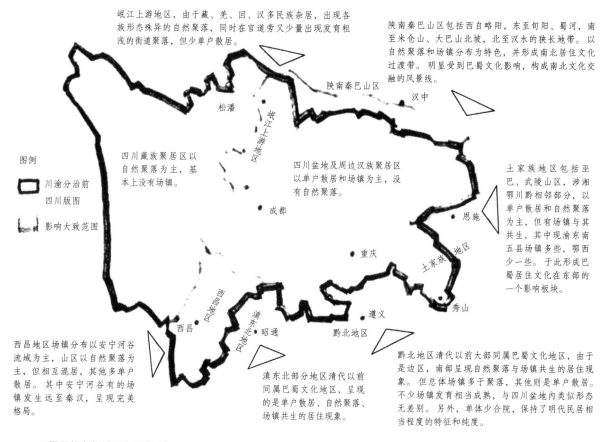

岷江上游地区，由于藏、羌、回、汉多民族杂居，出现各族形态殊异的自然聚落，同时在官道旁又少量出现发育粗浅的街道聚落，但少单户散居。

陕南秦巴山区包括西自略阳，东至旬阳、蜀河，南至米仓山、大巴山北坡，北至汉水的狭长地带。以自然聚落和场镇分布为特色，并形成南北居住文化过渡带。明显受到巴蜀文化影响，构成南北文化交融的风景线。

四川藏族聚居区以自然聚落为主，基本上没有场镇。

四川盆地及周边汉族聚居区以单户散居和场镇为主，没有自然聚落。

土家族地区包括巫巴、武陵山区，涉湘鄂川黔相邻部分，以单户散居和自然聚落为主，但有场镇与其共生，其中现渝东南五县场镇多些，鄂西少一些。于此形成巴蜀居住文化在东部的一个影响板块。

图例

川渝分治前四川版图

影响大致范围

西昌地区场镇分布以安宁河谷流域为主，山区以自然聚落为主，但相互混居，其他多单户散居。其中安宁河谷有的场镇发生远至秦汉，呈现完美格局。

滇东北部分地区清代以前同属巴蜀文化地区，呈现的是单户散居、自然聚落、场镇共生的居住现象。

黔北地区清代以前大部同属巴蜀文化地区，由于是边区，南部呈现自然聚落与场镇共生的居住现象。但总体场镇多于聚落，其他则是单户散居。不少场镇发育相当成熟，与四川盆地内类似形态无差别。另外，单体少合院，保持了明代民居相当程度的特征和纯度。

松潘　岷江上游地区　陕南秦巴山区　汉中

成都

恩施

重庆　土家族地区

民西民昌区　滇东北民区

西昌　昭通　遵义　黔北地区　秀山

/ᐱ 巴蜀居住文化对周边影响示意图

比如张璧田、刘振亚主编的《陕西民居》（1993）中认为"陕南的汉中地区，特别与四川接壤的地域，四川移民较多，当地的民居又融合着四川民居的某些特色""迄今还保留一定数量的散居户""社会、历史渊源等条件，规模逐渐扩展，形成中心村落或集镇"。又如北京大学聚落研究小组编写的《恩施民居》（2011）一书写道，鄂西地区"咸丰县庆阳老街则不然，庆阳老街是过去施南土司境内的一处商业性的集市，这里是施南土司前往利川等地（实则是去四川——笔者注）的必经要道，长久以来形成了商贸交易的集散地。与聚落的居住性质不同，便捷的交通才是这里最重要的选址考虑"。

黔北地区以遵义为中心，罗德启认为："遵义地区因毗邻四川，民族建筑受汉族民居影响较多。"遵义地区大部清代以前归四川版图，巴蜀文化影响较深，迄今还有川剧团可为一证，但聚落文化、民居文化仍属川黔文化过渡带。

在昭通及金沙江之下游南岸地区，蒋高宸在《云南民族住屋文化》中言："边缘地区的文化特征云南最为典型，云南的汉式建筑，最早以受四川的影响最大。"

至于盆地西部与藏族、羌族、彝族交融地区，聚落与场镇的混存主要在河谷的官道上。尤其是单体住宅吸收了汉族民居的一些空间元素，出现了兼具各族特色的形态语言，显得十分生动、到位。

综上，反观长江上游以四川盆地为中心的巴蜀文化，这是中华文化的多元构成的客观存在，而不是周边文化对其构成影响。进一步说，西南地区，包括滇、黔文化在内的区域，巴蜀文化是其中最大的一块。其中成都、重庆两城市成为区域最大的两个中心城市，因此，古滇文化、古黔文化同也成为亚中心。顺理成章者，巴蜀文化必然对它们产生主导性的影响，而不是被影响。

表现在乡土建筑一侧自然顺之大理，而场镇这个物质民俗之首的市街聚落，则扎堆地、大数量地，集中反映了古蜀文化和中原文化结合后的发展，尤显特别生动和丰富。

当然，上述仅是概况，若往下再分，又可发现若干以中等城市为中心的场镇组群，其中最大者是自贡、内江、宜宾、泸州等相互关联地区。那里作为四川盐、米、糖、天然气盛产之地，又有长江、沱江、岷江及支流作为水运主干道，于是产生了盆地内场镇密度最大地区之一。其场镇距离多在5—9千米，其支撑之散户庄园自然也是密度最大、最优秀的地区，如清末泸县喻市庄园达到48幢。

场镇分布与生存基础

场镇是农业时代的产物，它支撑着上位的县城、州府、省城的发展，若加上基层的散户，则构成了一个完整的空间人文网络。当然，所有的场镇都或多或少与农业有关。不过细分起来，有的场镇似乎非农业因素多一些，比如水运发达的川江沿岸场镇、产盐集中的一些片区等，都是场镇密集分布的地区，有如下分类：

农业型——主要产粮地区。水陆交通都很发达，以成都平原、岷江中下游片区、川江及其支流地区为代表，涉盆地丘陵地区的小平原。这里除农业发达外，在输入与输出上依靠水运与旱路，密集地分布着场镇，同时形成人口大县，支撑着县城，有的县甚至形成规模较大的场镇，谓之一县"首场"，实则成为一县的副中心。如开江的普安、梁平县①的屏锦、崇州的怀远、巴中的恩阳等。有的进而构成分县、分州，正所谓"坝大场多场大，坝小场少场小"，农业是这些场镇生存的命脉，此类场镇发展最稳定。

交通型——也可叫码头型。农业时代主要依赖的是水上交通，也有陆上交通，谓之水旱两路。川江水运河系密如蛛网，凡季节性船筏可到之地，皆有场镇产生。不能通航之处，有官道，主要是陆上交通干道。如长江南岸与贵州、湖北、云南交界的支流系统两岸，布满了精彩的场镇。不少支流上游沿河岸徒步，中、下游乘船，也是场镇分布的地方，如赤水河、塘河、綦江、乌江等。若在长江北岸沱江、岷江、嘉陵江水系两岸，更是巴蜀场镇最发达区域。当然，大部交通型场镇多多少少都与农业有关。但也有关系不大者，如塘河上游大、小槽河两岸场镇，多位于险山峡谷之间，说不上靠农业支撑，其生成全凭借川黔古道的繁荣。再有就是川陕、成渝等横跨水系的陆上干道场镇。不少产生于古道的山顶、垭口点位，原因是位于徒步必须休息的地方。此在不多通船的川北最突出，那里往往有商机。如朱德故乡马鞍场就在垭口上。综上，水陆两道形如纵横两向，于是形成网络。

盐业型——因盐矿开发而产生的场镇。巴蜀盐矿开发远可溯至先秦，至清

---

① 今梁平区。后同。——编者注

代，产生了大量因盐而生成的场镇。高峰表现在自贡市的生成，形成了自贡以五通桥为代表的场镇群。规模小一点的场镇分布很广，有大英、资中、云阳、巫溪等数十县。"盐业"包括产、销两大部分。以"产"生成的场镇为本文主旨。这些场镇形态以"不尚规矩"为特色。"销"及水陆运输部分涉及更宽，长江三峡南岸谓之楚岸，不少场镇与湖北、湖南相邻，其中部分正是在清乾隆、咸丰两次川盐济楚中生成或壮大的。贵州边界谓之"仁岸"，也发生发展了不少因盐而来的场镇。当然，这又与交通有关了。

家族型——此类虽不算多，但生成原因特殊，又直接反映单体极致之庄园的发展走向，尤其是不向血缘聚落发展的场镇，值得关注，如隆昌云顶场、自贡三多寨场、合川涞滩场。它们分别表达一族、多族的空间意愿。此类选址多在寨子（庄园）旁。与此类似，有将尚在发育之中的公共空间如道路引入宅中的：宅小者形成"穿心店"；宅大者在宅内道路两侧联排开店，形似街道；更大者是若干家在道路两旁并列成街，形成"幺店聚落"。它最大的特征是没有像赶集那样的周期性日期，比如三、六、九日，二、五、八日，一、四、七日的场期。这也是判断是否为场镇的一个标志，如成都龙泉山上茶店子、自贡汇柴口、重庆歌乐山高店子、重庆南岸黄桷垭等形态。似乎像场镇，却没有场期，谓之"店子"，是一种场镇发育的初期阶段，也是胚胎式的场镇初期。一旦发育成熟，就会形成场镇，分布多在城市边缘。此类不向聚落发展而往市街形态的聚落发展，正是巴蜀场镇部分原始形态的初期雏形。因为聚落是由血缘关系构成的，但它由此转换成多因素结构，包括地缘、志缘的组合，从而构成了巴蜀场镇的多元性。

特殊型——指那些逐渐融入农业、交通等类型里的特殊场镇，比如所谓名山圣寺旁的场镇，一些过时的军屯、驿站、山寨等。清代与民国年间沱江流域盛产蔗糖，使熬糖业蓬勃发展，也兴起和发展了一些场镇。相比较而言，这些场镇数量也是不少的。还有一些规模大的场镇，即中心场镇或一县首场，也没有赶场日期，天天都热闹，号称"百日场"，是场镇发育的极限，它已经和大多数县治所在地的镇一样繁荣了。这些场镇不少成为一县副中心或一方中心。

场镇选址要素

场镇选址是一个非常复杂的系统，涉及方方面面，但有个总原则，就是无论如何生存是第一位的。如下几种因素对生存构成威胁：水、粮食、来犯之敌。当然，毒蛇猛兽、火灾地震，还有虚拟的神鬼妖魔等虚虚实实的东西都多多少少影响着场镇的选址。风水术介入选址和后续修补也是一大特色，点位间的相互距离制衡也是重要的因素。

首先是水。水是生活与生产的命脉，巴蜀场镇绝大部分靠水，饮用水源是重中之重。选址在两水相交的三角地块，其中人多饮用支流之水。或直接下河汲水，或用竹筒水车笕槽渡水，或开渠引水，同时还可供生产、灌溉、消防之用。另要考虑交通行船之便。有多种选址模式：或两河均可行船，或其中一河行船，不行船之浅河险水，前者必作码头，后者也不乏水埠。因此，得水运交通之便，维持场镇长期生存运转与发展：万般水唯先。但场镇毕竟是小聚落形态，靠水者虽为大多数，但不行船的小溪小河也不少。

注意前朱雀（水）后玄武（山），场镇选址如住宅选址的放大，水仍是第一位的。中国传统景观中，山水是灵魂。无水之境，谈何场镇立足？所以无水场镇也附会"旱码头"之说。临水选址还有设防、调节气候、陶冶性情等作用，甚至直接影响到川人性格。历史上，巴蜀文人、画家多出生在水边的田舍和场镇，如郭沫若家宅就坐落在乐山沙湾场的大渡河边。

其次是产粮之地。场镇首先是为农业服务的。镇上人口必须有粮食才能生存，因此，此类场镇必选产粮地区的适中之地落脚。尤其要考虑附近散户赶场方便，不误农时。所以，凡产粮地区，皆布满场镇。四川盆地以小平原、小坝子、浅丘构成主要地形地貌，除大、中、小城市多数选址在产粮的平原平坝，周围密布场镇之外，众多的山间小平坝也是场镇必选之地。最小者一坝子一场镇，稍大者一坝子两至三个场镇，如雅安青衣江支流陇里河流域平坝，分布着上里、中里、下里三个场镇，选址在上、中、下游相距 8 千米的位置上，是为农业服务的非常合理的半径中心点。川北、川东北不少庄稼分布在山顶上，于是山顶成为场镇选址的必选之地。一般来讲，10 千米之内为最佳服务半径。盆地周边山区场镇间距离稍长一点，但多数必有相当大的农业耕地支撑场镇的生存面，上述场镇除平原无山可靠之外，大多依靠山水，不占耕地，又深含犯敌来时有后山退路的设防隐情。

再次是设防。单纯因设防而成场镇者，似乎不太多，比如三台西平场、合川涞滩场、巫山大昌场均属因设防而有城墙者。设防一般须有石、砖、夯土、木栅围合，多由县城级别实施。场镇设防，各有招数。首先当然是选址，核心是"三十六计走为上计"，把退路选好；其次才是守；再其次是进攻。有此条件者必选依山靠水的环境，若北面有山则兼顾退路，南面有水，除据水设防外，还可伺机进击。所以，凡古典场镇均有严谨的设防考虑。若无此地理条件者，像平原之地，则选地势稍高的地方，哪怕仅高一寸一尺，也利于防范洪水。更多的川中场镇是联系大、中、小城市同时又兼顾区域小中心的市街聚落，注重自身安全的同时又非常强调保护过路客商，以维持场镇的长效生存。选址也很注意四周视野开阔，进出方便，利于内部设墙置栅、分段狙击、攀高观察等，总原则是寻求一定范围内的制高点。以上可能是清代场镇的广泛特征，原因与清中期川北、川东北、川东白莲教农民起义，清末川南李兰起义，石达开途经川南有关。所以，设防严密的场镇、山寨、庄园，以川东、川南最多，川西较少，说明设防的本质意义在防战争，其次才是防匪盗。

最后是风水选址。此类理应是和水、粮食、设防、交通等须臾不能分离的选址因素结合在一起的。单纯以风水角度选址的例子似乎不存在。农业社会人的建筑活动多属于个人行为，场镇之成靠的是道德的潜在约束，不会像现代规划成一张图纸，按图索骥、对号入座，然后修成正果，很快变成聚落。巴蜀场镇历经2000年流变，又有"易学在蜀"的历史和文化基础，这个漫长的过程经过历代不断调整、修葺、补充、完善，渐自往风水诸要素上靠拢。诸如上述设防周全之镇，多在这个历史时期，可见一斑，这个时期的繁荣、安定，全可保证风水理想的实现。

最后归纳起来，综合选址因素才是场镇得以发展的根本，要素还是上述的水、粮食、交通、来犯之敌、风水几大方面。前两项并称为农业，是选址的第一要素，第二是交通，第三是设防，第四才是风水。然而又需要具体场镇具体分析，这些要素或内中某一方面偏重一些，某一方面弱一些。农业社会构成的人文形态中，都会深深烙上时代的痕迹，不可能游离于时代之外。

场镇样式与个性

川中场镇绝大部分是清以来的形态，入住其间者多为各省移民。其空间、时间、物质与非物质表现必然带有原乡的个性色彩，所谓"五方杂处，罔不同风"，至少清前中期是如此，然后才渗透、融会。之所以巴蜀场镇丰富、多变，形态个性化突出，是离不开300年相互发酵嬗变的，是必须有时间保证的。这在全国乃至世界也是独一无二的。至于有没有清以前的空间传承，文献上是否定的，确实无法找到依据。现状是四川人在明末张献忠领导的农民义军所毁绝的城镇乡场废墟上的独特创造，最值得研究与弘扬者也于此。

清初，在长达100多年的迁徙运动中，来自陕、鄂、湘、闽、粤、赣、黔等省的移民相聚四川，这些省份多以自然聚落为主要的居住形态，同时又是讲究传统文化的地区，也有集镇、墟里。到四川后，受到民俗、地理、经济等诸多方面影响，"入乡随俗"成为众向一致的生活信条和生存准则。比如大家都是来自不同的地方，相互都没有排斥对方的基础，唯一出路就是团结。这种观念若要在场镇形态上表达，就把场镇或道路或广场或外形界面做成船形，以示同舟共济，避免翻船之灾，实例有犍为罗城、铁炉等10多例。选择船形之貌可谓独到别致、世界一绝，同时又强调了众志成城的团结意愿，不仅有形状，还有神态，可谓形神兼备。类似者还有成为磨儿场的圆形、口袋形，含义也同上，比如罗城之"罗"繁体为"羅"，意喻来自四面八方。

综上，场镇是千变万化的，如下可再分若干样式，并选几个实例备查。

河街式——巫山大溪、忠县洋渡、酉阳龚滩、巴县木洞、富顺狮市、宜宾南广、邛崃平乐、大邑新场。

此式最大特征是主街与水岸平行，有的距水很近，不一定都是通航的港口。场镇遍布巴蜀江河，不下数千例。两水相交多为清代选址，也有不少仅靠一河。街不论带状、网状，不论长短，临水一街绝对为最早之街，成都平原场镇全部靠水，也不分北岸、南岸、东岸、西岸。但不少前期欠防洪考虑，多有水灾之虞，故有的就直呼河街。无论何式，只要有水，多数通船筏，交通方便，人们便接踵而至，展开对于场镇形态的干预。

码头式——武胜沿口、金堂五凤溪、达县申家、资阳王二溪、内江桤木、

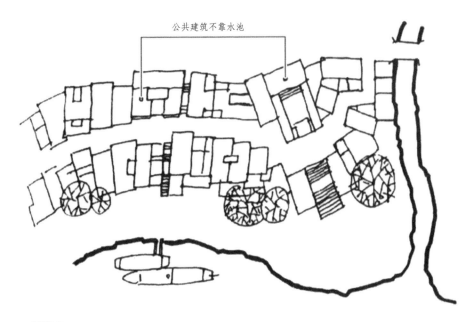

公共建筑不靠水池

/∧ 河街式

/∧ 河街式 酉阳龚滩长达 1500 米傍乌江河街

江津塘河。

街道不与水岸平行，而与水岸呈垂直状或略有一些偏斜。进入一个纵深地区或城镇的港口也谓之码头，是码头最具典型形态意义者，和山地形码头即云梯式街相比，稍有区别处是前者没有大坡石梯。选址既有两水相交处，也有一水之岸旁。此式理应是云梯式的平地形态或缓坡形态，本质为人流停顿的场镇，不久留，是为人流等船、下船立刻就走或短暂停留的地方。当然，平行水岸者也有，但平面是垂直状者更具形态特点，码头特征也特别强。所以它的街道全追随着人流的步履，形成与河街式类似的又一形态。

云梯式——重庆石柱西沱、四川达县石梯、重庆江津塘河、四川合江磨刀溪。

下船就是一大坡石梯，直爬上场镇街道结尾处，这种拉通一条的爬山街，民间谓之"通天云梯"。梯步最多者为长江边西沱场，号称5华里1800步梯，80多个间隙小平台。云梯式同时类似于码头式，往往也是通向纵深地区的口岸，比如西沱是石柱县唯一的长江港口。

河街式、码头式、云梯式本质上同属水岸场镇，不靠江河的场镇少有发现。此镇类型极具美学特色，在场镇对岸可以一览全镇立体景观。这类本身码头式的场镇是流动人口的家园，流动人口多，街

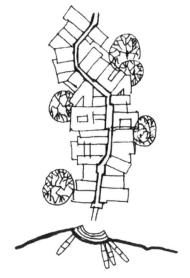

/Λ 码头式

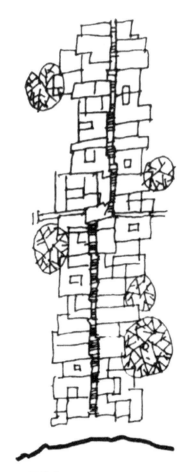

/Λ 云梯式

八 云梯式——长江南岸的西沱镇

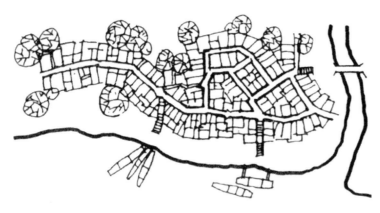

/⋀ 网格式

就长，建筑类型就多，商业就越发达，故事也自然多。云梯街梯步的多少涉及场镇的方方面面。若仅论街道形态，就是一个非凡的课题，其对建筑空间拓展的影响深度也是一个繁复的研究空间。

网格式——此类场镇靠水与否都有，是场镇规模比较大的一类，数量不算太大，因此，往往出现一县首场之尊，如巴中恩阳、巴县鱼洞、合江白沙、涪陵蔺市、崇州怀远等。场镇形态特征是街巷多而呈网状，有的还构成环线状市街，但都不是事先规划之为，而是生产生活的肌理性发展，如恩阳有街巷38条之多，看似杂乱，如进迷宫，有"八阵图"之谓，其实也有规律性的山川方位关系。正是如此，产生了川中场镇特有的诙谐幽默的美学特征，是四川乡土建筑别开生面的重头戏。

廊坊式——屏山楼东、涪陵大顺、三台郪江、梁平云龙。

街道两侧屋檐拖长，加檐柱形成檐廊，进深2—6米不等。一条街有的两侧全覆盖，有的仅覆盖一侧；有的街道时有时无，有的还时高时低（如重庆梁平云龙场）；有的两檐相接形成一线天，街道全纳入檐廊，原街道变成阳沟（如涪陵大顺），有的高高低低，檐廊错落；有的演变成凉厅、骑楼，有的还塑造成船形（如犍为罗城），形成一类独具文化色彩的四川乡土空间。凡此类半开半闭的灰色调空间，在四川遍地开花，包括院落里里外外的廊道，实则是非常人性化、非常前卫的建筑现象，是民间学术性生动的空间开掘与实验，很值得总结与推广。它绝不是单一的"匠作"，而是有着相当深邃的人文与自然背景。

双列式檐廊

两檐相接，廊成街道

上、下街檐廊（一）

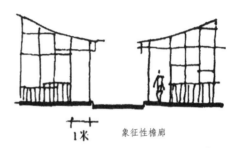

象征性檐廊

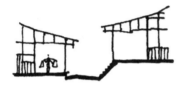

上、下街檐廊（二）

单边檐廊

半边檐廊

∧∧ 廊坊式

∧∧ 廊坊式——犍为金石井檐廊简易宽敞

/\ 凉亭式

凉亭式——江津中山、乐山板桥、荣县莲花、泸县况场、巫山培石、川南一带。

天井上空加盖，露出间隙采光，如四川宜宾冠英街某宅，富顺庄园福源灏中庭等，谓之抱厅。把此类空间延伸到场镇中来，其形不同于廊坊式、骑楼式，而是采用多种手法将场镇街道上空用小青瓦覆盖，并形成一街大抱厅，也就是川南一带所说的凉厅子街，目的是让赶场人遮太阳、避暑热，从而凉爽、透气、通风。此类全出现在川南、川东，气候炎热多雨恐为第一原因。

拟物式——犍为罗城（船形）、资中罗泉（龙形）、乐至太极（太极图形）、内江椑木（蜥蜴"四脚蛇"形）、广安肖溪（船形）。

拟物式本来是街道构成或空间深化后的形态，但确又形成了较为独立的形状风貌及功能，理应是场镇街道最具文化色彩的建筑现象。这在四川表现得很突出，也可以说是场镇数量积累到了一定厚度时，聚落的质的飞跃。一种理想、信仰、意愿、诉求，通过场镇的规划、营造，用区域集体人格的幽默方式的表达，诚是乡土文化最高表现形式、空间智慧的最高境界。当然，也有的是对现状的调侃。

这里面有用檐廊拟船形来诉求和谐团结的罗城、肖溪、铁炉；有用街道是"S"形来状龙的形态的罗泉、斑竹园，以示自己是龙的传人，来路正宗；有利用河流的"S"形状分成阴阳两面的太极；有用街巷的不同大小、主次、宽窄尺度来调侃场镇如四脚蛇状的椑木；等等。

骑楼式——大竹清河、柏林、李家、庙坝、石桥铺，大邑新场。

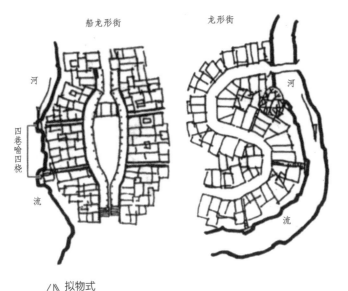

船龙形街　　　龙形街

河　　　流

四巷喻四椽

／∧ 拟物式

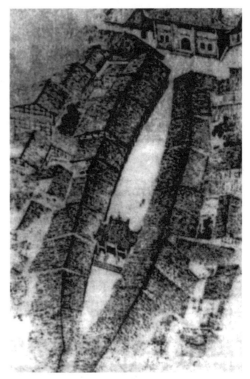

／∧ 拟物式——犍为罗城船形场镇

　　川中不少场镇和民居、街段和局部，过去都有在檐廊上空覆盖房屋的传统，不过多是断断续续的，少见一条街、一个院落都做成此式。鸦片战争后，沿海和内地交往密切，"骑楼"流行的上海、广东才渐自以此式影响四川。大竹是范绍增的故乡，他把沿海这种连续"拱券柱廊式骑楼"用于清河、柏林、李家三场镇的风貌改造，令人耳目一新。建筑学家李先连认为此是"川中孤例"，且具一定规模，可见其价值非同小可。李先生还认为"拱廊的圆形柱头做法全然不同于希腊罗马柱式，而是用灰塑的传统工艺塑成大白菜、南瓜等普通常见的乡土题材形象，而且造型比例式样也恰如其分，别具一格"。与此同时，四川各地的军人、留学生、商人、政客纷纷效仿，把此类住宅建在场镇街边，成为民国街道的一道时尚风景。

　　桥街式——丰都新建、新都大丰、乐至童家、安岳回澜、江油青林口、大竹团坝。

　　一个场镇是先有街后有桥，还是相反？这在川中场镇中，也算一式特色之例。也许先有桥，先在桥上做生意，生意渐渐兴旺起来，于是桥的两头出现房屋连接，场镇就形成了。此式几乎都在小溪小河之上，不见于大江大流。多带状街道，桥

△ 桥街式——丰都新建廊桥连接

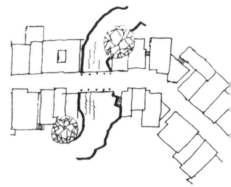
△ 桥街式

梁在场镇的中部居多，以石拱廊桥为主，全木结构廊桥较少。既为桥街，一定是廊桥，因为桥上要做生意，有的桥面还分一半来建铺子。还有一式为"工"字形平面场镇。桥在中间，河流两岸为场镇。还有"T"字形，桥为竖向者。但本"桥街式"多指第一类，即"H"形。它的重点是：如果没有桥，场镇就不可能产生；如果桥消失，场镇就跟着退废。故桥是此类场镇的生命线。

半边街式——乐山五通桥、金堂五凤溪、乐山西坝、梁平云龙。

上述这些罕见地全部都是半边街的场镇，但不少河街、坡坡街出现半边街段落的概率很大，像乐山五通桥，在茫溪河两岸出现共3公里的半边街，这在中国就很罕见了。五通桥是个盐业场镇，"煤进盐出"导致河两岸有多达80多个公私码头，要把码头在岸上也串起来，则半边街之成别无选择。川中半边街多数为河街，少数在旱坡上。金堂五凤半边街恰在一悬岩上，风采自然特别。不少场镇半边街仅有一段，多在场头场尾，往往成为进出场镇歇脚、等人、调整、聊天的地方，故过去多有在檐廊边上置凳设靠，给路人休憩的传统。最特殊的是梁平云龙场的半边街，分上、下半边街，成因于地形，不仅通街如此，还全覆盖檐廊，也是场镇中罕见之例。半边街不一定都有檐廊，不少出檐较长，出场镇不久又有幺店子，是一种衔接、间隔、疏解、活跃场镇空间的优美形式，极受川人喜爱。

穿心店式——自贡仙市、仪陇马鞍、合江顺江、乐山金山镇、合江白沙、石柱河嘴、巴县走马岗、广元柏林沟、巫山培石。

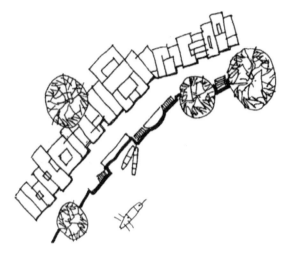

∧ 半边街式

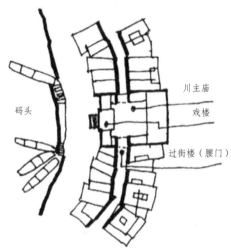

戏楼下还通码头

码头　　　　川主庙

戏楼

过街楼（腰门）

∧ 穿心店式

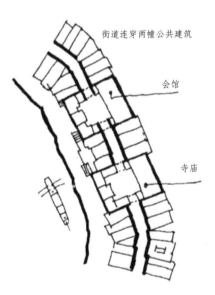

街道连穿两幢公共建筑

会馆

寺庙

把街道、道路纳入民居中，是常见的事，多数都有商业目的，人称"穿心店"。建筑多骑到道路上，如峨眉山神水阁某宅、合江车辋场某宅，都做小生意，大一点的如忠县涂井赵宅等，谓之"穿心而过"。然而四川场镇中，不少公共建筑，如会馆、寺庙、阁楼之类也横骑在街道上，成为一道街道景观。要维持公共建筑，尤其会馆之类，首先要解决自身"造血机能"，方式多为请戏班子演戏。若骑在街上，再开腰门，演出时可据此卖票收钱，平时敞开，一举多得。此式不仅有把公共建筑设在场口者，如重庆走马岗场，还有设在场中段的，更奇妙者是乐山金山寺场，除主庙两腰门过街楼衔接街道外，在戏楼下再开一道门接水码头，以满足运盐巴的船夫子们看戏的需求。该街道空间的设计者真是费尽了脑筋！

包山式——合江福宝、通江麻石、兴文拖船、大竹堡子。

最早在一个山头做生意的独户幺店子，若巧逢盛世，路人商旅络绎不绝，这个山头很可能发展成一个场镇；若山头用地有限或四周陡峭，居民则不拒困难，充分发挥空间创造的智慧，不多久就会用房子把山头覆盖起来，包裹起来。清乾隆年间合江福宝即在此背景中产生，适成今日一山全是房子的状态。当然，所能"包"者，多为一个小山头或山脊。原因不外乎一方是主要水码头，就是水陆要冲节点。因此，也有类似预盖一面坡地、一面山者，皆异曲同工。此式有个共同特点，即街道都有一处、一段的制高点。那里不是寺庙宫观就是大户人家，于是以高为尊成为川中场镇的又一特征。还有利用小山头结合寨子来设寨门，里面把街道做成船形，并立桅杆，如兴文拖船，凡此样式多多，美不胜收。

/▲ 包山式

山寨式——巫山大昌、三台西平、合川涞滩、雷波黄琅。

有围合，无论石质、夯土，在场镇一级的聚落中，似乎不太多，但城墙煞有介事，有城楼、四门、垛子甚至瓮城，百姓又称城门为寨门。此类场镇的出现，实则成全了巴蜀设防体系的完整性，即单体住宅（如庄园）设防—山头寨子设防—场镇围合设防—城镇筑墙设防。这个体系的四部分各项又自成系统，比如

/▲ 山寨式——綦江赶水临岩而建，颇有山寨味道

场镇系统中，利用各家宅后形成统一的全场镇整体设防，如水巷、火巷、尿巷之类。主街口或设栅子，或设门楼，上住打更匠、清洁工，兼负责栅子启闭管理。再有场镇四角设碉楼，更严密的则砌筑城墙、开城门（寨门）。有门楼一段用石砌，其他段夯土者，如巫山大昌；有围合全石砌者，如三台西平。无论石质还是木构入口，历代乡民均高度重视这些入口大门的形象营造、美学制作，有的往往成为某一场镇的标志性构筑物而名传四方。

旱码头式——合江尧坝、大竹月华、石柱王场、江北隆兴、江津石蟆。

一般而言，没有河流的场镇叫旱码头，这个数量也很多，多在古驿道、古盐道、古商贸干道上出现。出现的原因，或通往重要城镇间路线过长，或边远产粮小平坝必须有相应的服务中心。旱码头有大有小，有中心性质的，如重庆渝北区隆兴场同时辐射周边好几个小旱码头场镇，原因就是大面积范围内无江河。除此之外，其他方面均与之无甚区别。唯水的来源令人遗憾，故打井、建塘、筑堰、引渠、屯水田、冬水田等成为集水的有效形式。旱码头有的出现在历史上某一时期商贸繁荣的交通线上，一旦时过境迁，场镇凋零也随之显现，如川盐济楚的长江南岸场镇，但多数是农业时代服务中心地理上的均衡配置。

幺店子式——自贡汇柴口、成都茶店子、重庆高店子、重庆北碚金刚碑。

川人称比较小的、介于两聚落之间的单家独户，或相邻三五家组成的群体者为幺店子。如果道路上行人渐自多起来，幺店子也随之变大，并沿着道路两旁不断增建房屋。不过终究还是没有形成固定的赶场日期，规模不是停止发展就是还在发育之中。虽然也有人在此开店经商，但还是没有达到吸引四方农民来此交易的目的。功能主要是为过路客人提供短暂性服务，建筑也就显得简单而随意。如果行人多了，演变成场镇者，也就成了交通型场镇，于是就有一个选址问题。徒步时代，挑夫背客累了多选山垭、丘顶休憩一会儿，然后下山。因此，那里也就成了幺店子、聚落产生地。这在四川大城市、中小城市附近的发生率最高。

四川场镇几乎全是清代以来的营造，作为一种建筑文化现象，不过才300年历史，显然非常短暂，是一过程式、动态式、探索式、区域式大规模的营造社会活动，而不是终端的建筑结果。抗日战争时期的"新生活运动"不断拓宽、拉直场镇街道，部分点位、街段还不断嵌入新潮的建筑式样，因此，还没有出现一种主流的、共识的区域特征，结果如何还不能预测。随着新的时代来临，这种活动就停滞了。

所以，我们回过头来看巴蜀场镇，它们似乎表层上都差不多，然深入下去，处处感到一种空间的涌动，好像你中有我、我中有你，相互在借鉴，时刻准备拆除后再重建，尤其是加建与搭建数量很大。后来我们发现，此正是场镇不断调整、完善肌理的程序。恰是那些逐渐加建的小楼、亭阁，升高的夹层，冒出的老虎窗，搭建的山面挑廊、偏厦……，甚至民居改造的作坊，创造了一种独属于乡土建筑美学的丰富性、生动性和准确性，因为它是由人们的实际需要产生的，是不足的补充，是事前没有估计到或设计之不完善的再创作。若拿此观点再审视前述各式，实则多数是无法分什么"式"的，比如河街式，里面同时包含了码头、穿心店、半边街、桥街、廊坊等多种特点者，实在也不少。然而分成各式，一是叙述的方便，二则某些方面显得更突出一点，三是一种无奈，因其太丰富而有些不好分了。

场镇形状与神态

巴蜀聚落不同于其他地区自然聚落之始，即显露出不同的空间发展系统，就是立即成街。只要有两户人家开始于道路边——或两户夹道路于中间，或两户相邻道路两侧，即可把道路看成街道。若再有人家来此，则如法炮制，排列延长下去，此法至今不改，于是就有了一些"先来后到"的民间规矩，如后来者屋脊不得超过先来者，依次类推，若觉得不能再矮了，可以另开巷子、另制高度、另立房子。如此成街，屋脊的轮廓线就不枯燥了，也产生了高低错落的美学趣味，还可从中查找场镇的历史发展脉络，破译各时期的一些空间发展动向和文化思维……于是由此及彼，窥视场镇之成，孕育了诸多不成文的规则，也许这便是它的形态由来之源，它的神秘和深邃之处、耐人寻味的地方也在这里。其中以街巷、场口、码头、立面、屋面、节点等为一个场镇形态的基本构成，即形状与神态。

街 巷

场镇街巷不长不宽，大部分不复杂，只要破解它的成因和形态之间的虚虚实实关系，则可知其深浅。好多场镇调动周围的山水林木来诠释它与街道的关系，比如它为什么是弯状的，中段要宽一些，尽头要发生转折，尤其是临水之街，朝上游方口要宽，下游方只准留小巷或由此发生转折，还有各类细节之差，可谓百镇有百镇之说。这里面总结下来，第一是钱财之因，第二是农业社会的儒学规范。

既为街道，多因商业而兴，空间功能多多，交易为第二位。街道之成，一是要满足赶场天的人流的需要，这是进财，不能让其穿场而过，需想办法在中间街段加宽一点；二是做戏坝子；三是拓宽公共建筑临街大门前的敞坝；四是做宽一些段落的全开敞地坝，如留一节半边街，或两边街都退一点，使一些街段宽起来。但无论怎样变，街道建筑、街口巷口的临街立面必须有封闭之感，目的是不使财跑走，所以真正的半边街是不多的；而穿心店似的宫观寺庙则横骑在街上，形成截财式的强封闭状态，是肥水不流外人田的防漏财的典型个体做法，其感形态历练之老辣、"横行"之霸道。然而绝大多数场镇街道追求统一空间的约束，临街立面围合相当完满，就是街口巷口易漏财的地方，必做牌坊、过街楼、栅门，以满足祈财、留财、保财的诉求。

因此在街道民居的相邻关系上，又有儒学的"仁、义、礼、智、信"的主流意识在支持空间的营造和形态的表达。如相邻两家山墙共享或各管各家，皆明白无误；先来后到，瓦面谁高谁低已有公论共识，就避免了争吵。若各管山墙，延长瓦面做檐廊，檐柱往往两根并置即是此因，当然也就影响了瓦面的统一。恰如此，丰富了场镇屋面的高低错落。此正是以仁为核心的儒家思想在空间营造中流露出来的深刻之处，将所谓宽容和谐纳入构造之中，形态以"仁"塑造者无处不在。故神态者，即内中有一种精神同时在形态的存在中得以表露。此应是"形态"一词在街巷中的完整概念。

当然，由此及彼解释街巷形态和谐者还有很多。二三层高的楼房挡住一街视线、挡住场镇主入口、挡住上游水口、挡住观察舟楫动态视线者少，原因在于一街针对生存危机的约束，并形成共识：任何有损如此形态者，皆成大忌。

于是街巷形态有了本质的发展和控制。所以，街上高一点的楼房往往建得妙不可言，在再恰当不过的位置，成为一街亮点。

场口、码头

场镇如果平行于河岸，就会有上场口、下场口之说，朝上游方向的场口称上场口，反之称下场口。上场口开口宜宽大，不能有过多的构筑物封堵，因为在风水上它是进财之门口，意会水同金，即财喜由上游而来。所以，应有较宽的场口对上游水口之地。场镇大，水口还可设庙，还有进而发展成场镇者，如乐山城上游大渡河就有水口镇，正对乐山码头。故传统场口受水口牵制很大。那么，场口空间历来讲究有一定面积的平台，略宽，利于人流、物流的进出。所以历来场口地面的石板铺陈都较认真，绝少裸土岸。

场口是方位，是人货聚散的口岸，也是脸面，还是关口等。因此，其空间设计、运筹就很复杂多变，故而形态非常丰富优美。比如有门楼、寨门、牌坊，如三台西平、合川涞滩、广安肖溪、乐至薛婆等；有桥梁，如乐至童家、酉阳龙潭、重庆磁器口等；有碉楼，如合江元兴、磨刀溪；有会馆、寺庙，如巴县走马岗、石柱河嘴等；其他如茶铺、酒肆、客栈就更加数不胜数了，如巴中恩阳场口码头的一茶旅社，其清代就大开窗，临河而置，八仙桌、大条凳靠栏临窗，一派和大自然零距离的亲善气氛，全木结构，无窗棂封外墙，尤显古典乡土中的奢华极致，正所谓一场之脸面是也。上述多上场口或主入口之属。而下场口或次入口就显得简单一些了。总之，场口是一镇形象的标志，古代又无专门的设计导则之类，故四川4000多个场镇就有4000多个不同的场口空间形象。

场口和码头有时不太好区分：不靠水的场口一目了然，江河旁的场口和码头有时空间上挨靠在一起，往往场口即码头；但长江边的场镇不少场口离码头较远，或隔着大片河坝、大片沙滩，说不定有两三里地。如果同时兼具两者，形态上就更加丰富多彩了，一切围绕航运的多空间在此展开，如修造船工场、铁匠铺、专营拉船的牵藤铺、以船帮为主的王爷庙、餐馆、栈房、茶馆，尤其是季节性的"河棚子"（临时棚户一条街）更是沿江场镇场口一大人文景观。渔民、菜农、行商、打工仔、工匠、过客、神职人员……整个人流和临时性棚子，加上上述场口建筑配置在一起，可谓百业兴旺，人流如潮，显示出场口与码头空间动静合一的鼎盛风采，但一到洪水期这些就消失了，而九月这些又开始涌动在场口码头，所以它又是动态性很强的场镇形态。这些空间时代特色是不能回避的。

立面（场背后与临街面）

"立面"其实是感知一个场镇最初的形态信息面，分外立面和内立面，恰如杂志的封面。先是好不好看，再就是高矮、宽窄、结构、构造、材质、色彩、装饰等，平常人等各取所需。

首先是外立面，场镇的外立面是一个整体，一家连着一家，大者绵延数百米，小者百米左右。百姓把畜圈、作坊、厕所、阁楼、水榭、水埠、房间、绿化……凡不是店铺商业的生产生活空间全都放在了后面。所谓"前店后宅"，就是把最具生活情调的场镇建筑都在后立面展示，川人称呼为"场背后"。因此，所谓"后立面"还存在景深、错落、起伏、天际线、临水倒影等虚虚实实的变化，这是巴蜀场镇最精彩的意境来源之一，可谓百镇百貌。原因在于内部功能的多样性，直接影响了外观的适应性。尤其是场镇的临水面，因隔岸产生距离美，视野较宽，易于把握整体，呈现出连续的、变幻的、高低错落的、曲回婉转的、诱人遐想的空间构成美感。无论是木构干栏体系或砖木、夯土系统，均各呈异景，瑰丽多姿。著名的场镇有酉阳龚滩、夹江铧头、巴中恩阳、通江阳柏、酉阳龙潭、隆昌渔箭滩及大批成都平原场镇等，数不胜数。

场镇的内立面即街道立面，多属"前店后宅"的"前店"部分，另有公共建筑祠庙、会馆之类镶嵌其间，再有小巷、岔街、广场、桥梁、石堡坎、梯步、棚子、过街楼等，当然奇特者数穿心店式的会馆、祠庙内立面，因街道从中间穿过，其主殿、戏楼各占街道一侧立面，街道于是拓宽成看戏坝子。巴蜀场镇街道内立面是一个丰富又变化多端的空间长廊，不过主体还是民居——前店后宅、下店上宅的民居。最可贵的在于，这些民居立面或三开间、五开间，或一楼一底、二楼一底，或中部明间开门，左右次、梢间开店，或脊高于左右宅，均让人得到建筑主人的一些背景信息。现象证明，内立面传导出来的若干密码，正是场镇社会发展的断面，也正是主人多方面积养的流露，所以宅店又称"门脸"，何其天人合一！

屋　面

林徽因先生认为："我国所有的建筑……均始终保留着三个基本要素——台基部分、柱梁或木造部分及屋顶部分。在外形上，三者之中，最庄严美丽、迥然殊异于他系建筑，为中国建筑博得最大荣誉的，自是屋顶部分。"

四川多丘陵山地，场镇多在稍低一点的地形上，所以场镇屋面容易被周围高一些的地方观察到。于此正如林徽因先生言，它的庄严美丽显露出来，给人一种异域没有的特殊人文之美、中国历史与文化的创造美。四川场镇中多宫殿式建筑，诸如会馆、寺庙之类。它在以民居为主的大面积场镇屋面中突出地显示出一种神圣的大屋顶屋面的构图美、主次有序的整体美、小青瓦统一色调的和谐美以及与周围青山绿水高度融合的田园美、色彩美。如果再解析屋面构成，类型上有庑殿、歇山、悬山、硬山多式，前两者公共建筑居多，后两者民居居多。尤其是一些小品建筑，诸如歇山屋顶的小姐楼、观景楼，攒尖顶的亭子、阁楼，一些边远场镇的歇山、悬山式碉楼，它们以特有的高度、体量及造型，使得场镇屋面一下就活跃起来。这是屋面深灰色调一种"面"的变化，显得分外柔和与平实，充满了空间的诱惑和想象力，无论屋面"面"的变化如何多样，终掩饰不了街巷两列屋面构成的"线"的动向、合院天井深井式的深色方"点"的深邃。因此空间点、线、面、色的形式关系得以完善，并构成一个独特的空间系统。这正是林徽因先生为之倾倒之根源、四川个性之乡土体现、中国独有之文化。日本画家东山魁夷画了不少中国屋面，多北方屋面，他认为特征是静，意境是禅。如果是四川场镇屋面，还可加上一字——"仙"，成因于飘逸。

节　点

巴蜀场镇很大比例为带状形态，其次是不规则路网状，真正形成南北、东西轴线相交者，在场镇级别中是罕见的，只有县治所在地才能如此。这是巴蜀场镇与城镇主要的区别，原因是多方面的。因此场镇的节点就不太可能出现像城镇那样有规整的南北、东西轴线相交的中心空间节点，而多是下面几种形式：

1.各类场口、巷子出入口、码头节点。

2.主街与巷子相交口，包括多巷与街相交口节点。

3.戏坝子（川西叫台子坝），汇若干街巷于一体的开敞空间节点。

4.以桥为媒介构成中心，以公共建筑及穿心店构成中心节点，等等。

节点是巴蜀场镇中一个很有特色的乡土空间形态，而且形成了一个多姿多彩的系统，在空间渗透性上，呈现多角度，多侧面，纵、横、竖三向等多方面的表现形态。这里往往是邻里相处、和衷共济、展示存在、分寸把握等最具空间智慧、巧斗技艺的地方，原因是人流决定商业空间和细节。节点是人流集中之地，必须调动更多的空间元素为商业服务，所以不少节点看起来随意，细品起来，皆为呕心沥血之作，是一种公共空间秩序的制衡，一种以传统儒学为背景、以"仁"为核心指导的空间再分配。

节点同时又是一个场镇的脸面，街道韵律中的节奏是场镇美学中的亮点。它的营造历来为业主与工匠所重视，所以，节点不是场镇的中心就是副中心。出彩的空间汇聚流量最大的人流，节点又是小镇节假日最热闹的地方。不少地方利用主街节点的宽敞空间修建公共戏楼，如大竹县杨家场、邛崃回龙场、金堂五凤场、仁寿汪洋等，以满足更多人的文娱欲望。所谓"台子坝"正是节点的乡土称谓，此在文化发达的邛崃表现最明显，几乎所有的乡场都有公共戏楼。青神县汉阳场码头节点，一家制售拉船牵藤的人户同时又开茶馆，主人把建筑偏厦重新搭建组合，外观变得自由、随意，使得生意向好大变。

建筑（公共建筑与民居）

　　建筑永远是一个场镇的主题，几千个场镇就有几千个不同的形态。在建筑组团方面，里里外外、大大小小，笔者没有发现一例雷同者。公共建筑中有会馆、寺庙、祠堂等；民居中有前店后宅、下店上宅等式，也有不开店，或单开间、双开间、三开间，朝门加外墙者，还有个别一姓占一小段街者、同行业相聚一街者等。公共建筑以会馆为大宗，原因是四川是个移民省，各省移民奉会馆为故地，把它看得很神圣，进而装得很豪华。主因在张扬故土文化上，目的在聚合人心、壮大乡威，是封建氏族社会的延伸和放大。因此，建筑做得最好，场镇中的所谓"九宫八庙"以会馆为最佳。四川自秦至清，基本上是移民省份，历朝历代世居于此的居民没有机会形成支配社会发展的主要力量，这就孕育、积淀了四川民众相互包容的行事基础，创造了通融和谐的良好环境。各省移民尽情大放异彩，展示各自独特的存在，尤其是清以来规模最大的一次移民运动，可谓把四川各地的会馆建筑做到了极致：一是多，数量达20000多个；二是豪华，如自流井的陕人西秦会馆、贡井广东人的南华宫；三是远涉边区，如清马湖府驻地之屏山，谓之四川会馆最多的地区之一，邻近的彝区雷波黄琅场，更是九宫八庙齐全，甚至四川与云、贵、鄂接近的地区，也有移民会馆分布。会馆功能无所不包，聚会、酬请、接待、职介、宴席、学校，凡同乡需解决之事均可在会馆内进行。

　　会馆以湖广（湖北、湖南）禹王宫、陕西关圣宫、广东南华宫、福建天后宫、江西万寿宫为大宗，其余如世居川人之川主庙、贵州黑神庙、山西甘露寺等较少。云南会馆只在宜宾市发现一处，仅存戏楼，非常豪奢，楠木柱直径达80厘米，楼下入口直接面街，是极难得的会馆案例。笔者将会馆和寺庙、祠堂的分布位置进行比较，尚未发现一例会馆位于农村田野中的。

　　寺庙建筑在场镇、农村田野、山林间均有分布，即任何地方均可分布，不太讲究非什么地方不可。在和场镇关系上，有的大寺观与场镇生存休戚相关，具有一荣俱荣、一损俱损的生态链关系，如梁平双桂堂与金带场、金华山道观与射洪金华场，甚至峨眉山与绥山镇等均是实例。总体而言，场镇中的小庙较多。不过，在川江沿岸场镇上，王爷庙的出现是一大奇观。它在规模与装修上往往超过会馆，原因是依附水运生存的人口数量太大，他们需要一个场合、一个空间寄托期望。以自贡王爷庙为典范，和全川的会馆比较显得特别壮观。有的场镇没有客籍会馆，只有世居百姓的川主庙。此类很可能是当地移民较少或者根本就没有。这在盆地周边的山区场镇表现突出一些。只有寺庙没有会馆者也不少，原因同上，有广元柏林沟、犍为金李井、江津塘河等。更"干净"者是没有一所公共建筑，全是民居的场镇。综上，有如下几种情况：

1.公共建筑中会馆与寺庙、祠堂均齐全者。

2.会馆、寺庙、祠堂三者中有其二，或只有其一。

3.全场镇都是民居者。

寺庙涉及较广，有药王庙、土地庙、坛神庙、三抚庙、观音庙、三圣宫、川王宫、大庙、火神庙、王爷庙（清源宫）、城隍庙、灵官庙、鲁班庙、娘娘庙、玄坛庙、老君庙、奎星庙、龙王庙、东岳庙、张飞庙等，谓之"九宫十八庙"，有的大场镇的寺庙还不少于此数。还有拿庙名作场镇名的，如平昌县东岳场；更有场镇已有天主堂、福音堂、基督教堂出现，建筑多结合本地特点，甚至用民居改造而成者，如大邑新场天主教堂。

祠堂在四川场镇中的生存状态不佳、数量不多是有其根源的。根源在大多数祠堂位于农村，个别地区也有密度较大的祠堂集中分布于场镇。祠堂是以血缘为纽带的空间，农业的宗族生产关系易于形成这样的纽带，也会产生强化这种关系的组织及载体。而场镇是多业态、多姓氏、多地域组合的形态，单纯的血缘关系已不存在，所以四川场镇的祠堂少于农村。但所谓少只是相对的，实则量也是惊人的。清末傅崇矩有《成都通览》一书，书中对城镇祠堂有统计："成都500多条街，有祠堂84家。"而县份农村则"威远有宗祠600多家，犍为200多家，崇州179家，广汉140余家，邻水148家"。

相比较而言，农村祠堂的数量远远大于城镇，可见其在血缘关系上的空间区别。不过，所谓"县份"，实际上包括若干场镇在内，即场镇也有一定数量的祠堂分布。调研显示，大多数场镇无祠堂，自然在空间关系上、在影响场镇形态上就远逊于会馆、寺庙。再则，四川祠堂不少是合院民居改造而成的，有的甚至原封不动，只是功能、空间称呼上变化而已，如堂屋改称寝殿、过厅改称拜殿等，所以，在影响场镇形态上很难有质的突破。但城市里的个别祠堂应另当别论，如成都龙王庙正街的邱家祠堂中轴三进三院，后院为寝殿，供列祖列宗牌位，外套 6 到 7 个小合院，大门临街，尤显高朗，有别于民居的造型。而农村，如云阳彭氏宗祠、资中铁佛李家宗祠，均以雄奇威严称誉一方。

最后，善堂一类建筑在四川场镇中也时有发现，比较起来，数量相对有限，其功能与形态较模糊，如成都大慈寺街区发现的鄂东善堂，为普通四合院形制，大门做得高一点，显见是湖北东部移民建设的带有会馆性质的慈善机构。而石柱王场王云中善堂、江北滩口善堂，则全然私人性质，属借医行善的诊所，但在合院堂屋上空竖立一四角歇山顶阁楼，这就在场镇形态和风貌上别有风采了。可以想象，全是悬山的青瓦一色屋面，突然冒出一个四个坡面的歇山顶来，鹤立鸡群似的惹人眼目。但在公共建筑与私宅之间出现不好划分的情况，个中有公共性质的，也有私家性质的。建筑上也力求别出心裁，终因量少没有形成统一形制。

场镇公共建筑总体追求坐北朝南方位，实在条件有限制，宁可建筑后面临街也不改初衷，如成都洛带南华宫、万寿宫，或者干脆不临街而在场镇外围建修，还有与中轴线大致左右对称。会馆、寺庙大门后多设戏楼，人由楼下进入。若是祠堂和有戏楼的民居，大门则在两旁而不由戏楼下进入。这是部分地区约定俗成的基本规则，当然各地又不同。但会馆、寺庙之类公共建筑主入口必在中轴线上的戏楼之下。此作是否有强调公共建筑威严的意思，为什么会这样，尚值得研究。总之场镇公共建筑是一个体系庞大的空间宝库，涉及空间创造的方方面面，蕴含了民间的空间智慧。

场镇民居是一个繁复之处见精微的庞大空间系统，千变万化。它从最早的临街单开间发展到民国年间的数十开间的联排房地产；从单开间几米进深，发展到近 100 米的共四进四个天井加后花园的大进深。前者以大邑场镇民居为最，后者为洪雅古镇所见。这些发展从纵横两向展示了巴蜀场镇观察民居的切入点。因为我们看到的民居仅是街道两侧的立面部分，也多涉及所谓店铺之类，实际上还包括住家户、小巷、小街入口、公共建筑大门及后立面等。仅民居就又有各历史时期不同街段的民居风貌，不同功能和尺度的临街立面，有的人家甚至全套照搬农村合院于城镇，那真是五花八门。甚至成都市中的上莲池街，20 世纪 70 年代前就有农村全夯土围墙的茅草屋三合院立于市井之中，更不用说场镇了。场镇民居中，除大部是店铺外，有的住家户还各显形态，有垂花门、屋宇式门、里坊门洞，有三分之一用于进入后院的大门、三分之二做店铺的前店后宅式。更复杂的产权范围，还可以从屋面来区分。多数一家屋面一个单元，无论多少开间，一条脊高，一个脊饰，更细微之处是一个立面用材、装饰、手法。如果开间尺度在5—6米之间，柱间又用的是弯木枋，很有可能是明代留下的民居，若再加石柱础是覆盆式就可确定无疑了。因为大多数巴蜀场镇是清代产物，立面开间多在1丈或1丈多一点的尺度之内，但很讲究尺寸尾数的吉祥之意，如1丈2尺8寸、1丈1尺6寸、1丈零9寸，尤其是"8"的广泛应用，因街道民居店铺是生意人家，求的就是发财。

场镇民居与农村民居本质上是无区别的，不同的是用地限制。部分空间，主要是下房功能发生变化所带来的进深系列变化，而于千变万化中不变者是堂屋核心空间的位置，即它必须在中轴线上，无论堂屋选择何处，或居家的临街处、商用中段的过厅处，或上房处，就是仅一个开间，堂屋均无可动摇地把香火设在中轴线上。这样雷打不动的空间衡定，充分调动了进深的设计想象力和创造力，尤其是大进深空间，从而形成非常精彩的多进多院的不同格局，走进去，扑朔迷离中不失传统空间秩序，秩序遵循中又不失变化丰富的空间组织。归纳起来，就是以人为本的空间创造，生产生活安全方便是场镇民居建造的核心原则。

场镇外围空间——幺店子

场镇不是一个孤立的组团聚落，在自然与人文的和谐相处中，其有机性还表现在二者之间有一个过渡空间，即场镇外围空间，这也是巴蜀场镇一个很有特色的乡土文化聚点。一般距场镇几百米或更近一点的田野大路上，那里往往有一棵大黄桷树、一座小桥、一段水流、一块巨石、一丛修竹。进入场镇前在这里可等人等物、调整衣冠，离开场镇后可于此稍事休憩、聚纳精神、逍遥远行，此就是名闻全川的幺店子，比如酉阳龙潭下场口外约500米处有一座跨小溪的廊桥，旁边大乔木掩映下的一家青瓦农舍兼做一点小生意，门口还摆了几个石凳。重庆西郊永兴场（现叫西永镇）接歌乐山冷水沟下来的古道，约300米处有一大石平桥房，这个幺店子卖薄荷水、凉醪糟等，凡挑担下重庆者最喜于此稍息。这样最多两三人家组成的店子一般不会发展成场镇，因为它距场镇太近。所以，它和那些大、中、小城市不远处的"幺店场镇"又有区别，它只出现在场镇不远的周围道路上，尤其是干道上。

场镇外围空间有不少是景点：一处完美的建筑，包括民居、作坊、牌坊、小庙、桥梁和树木、竹丛、田野、溪流共同组景的巴蜀乡土风情、风俗、风景，自成一组美丽的景点。从美学角度而言，它更便于人的视觉把握，并形成整体印象，留下一生的记忆，不像场镇太大，人的视觉接收面太庞杂，记忆容易流失。所以，川人说童年，多说幺店子，又因其组景的自由、天真。

小　结

本文研究的时间段是自秦灭蜀至清末民初这一历史时期。至于先秦巴蜀地区是否存在自然聚落，是否存在以血缘为纽带的空间组团生存形态，尤其是以农业为基础的家族聚落，尚无明确的考古学方面的力证，这是需要说明的。

另外，当代四川农村，由于城镇化，已经出现不同规模的集中居住的现代聚落，基本上是按北方聚落思维，即用自然聚落稍加规整的手法组织、规划。显然，这是忽略地域传统居住习惯模式的现象。这个问题还可延伸到新中国成立以来，不断在农村实行拆除散户、集中居住，以求繁荣，终难见起色。这种计划经济指导下的空间认识必然排斥以商业为主的传统场镇的核心空间价值，即市街的研究与设计。此恰恰不符合城镇化的初衷。因此，返回来看巴蜀场镇的历史、文化、经济价值，是很值得我们传承的。

（四川省住房建设厅干部培训班开学讲稿）

参考文献

［1］李先逵.四川民居［M］.北京：中国建筑工业出版社，2009.

［2］徐中舒.论巴蜀文化［M］.成都：四川人民出版社，1985.

［3］陈世松，等.四川通史［M］.成都：四川大学出版社，1993.

［4］蒙默，等.四川古代史稿［M］.成都：四川人民出版社，1988.

［5］王刚.清代四川史［M］.成都：成都科技大学出版社，1991.

［6］刘致平.中国居住建筑简史：城市·住宅·园林（附四川住宅建筑）［M］.北京：中国
　　建筑工业出版社，1990.

［7］季富政.巴蜀城镇与民居［M］.成都：西南交通大学出版社，2002.

［8］季富政.采风乡土：巴蜀城镇与民居续集［M］.成都：西南交通大学出版社，2005.

［9］季富政.三峡古典场镇［M］.成都：西南交通大学出版社，2007.

［10］季富政.四川民居散论［M］.成都：成都出版社，1995.

创建世界最大的羌族聚落群城市形态

北川地震博物馆、"5·12"汶川特大地震映秀震中纪念馆都是应该建设的，但不易成就产业支撑点，只是旅游环节上的节点，是九黄线上两个具有特殊意义的参观亮点，不可能形成旅游产业的支撑体系，但它们是非常有必要的，它们是地震文化庄严的殿堂。

九寨沟、黄龙自然风景的纯粹性，同时也产生了无人文形态的单一性，因此，留不住客人，人们匆匆来匆匆去。丽江人文体系的独特与庞大，与自然风光相互依赖的布局，不仅观光可行，休闲、度假均佳，产业形态自成。

如何利用比丽江知名度更大的优势，把同有独特文化的少数民族文化发挥到极致，羌族地区这次迎来了千万人用鲜血和生命换来的机会，它就是4个字"中国汶川"。

汶川是羌族人口比较集中的地区之一，是汉代、唐代几支羌族部落汇聚的地方，不同特色的羌族文化在此演绎，物质与非物质文化非常丰厚，历史上是南北文化交流唯一无大障碍的走廊。

汶川是进出四川、青海、甘肃、陕西，雪山草地、九寨沟大环线上必经的节点，又是岷江、杂谷脑河相交的岸口。历史上松茂古道之"大帮骡子"与大小金川"小帮骡子"为交通载体的文化形态，均在此展示了独特的魅力。

汶川是阿坝藏族羌族自治州离四川盆地最近的县城，高速路一小时可直达，如果能创造一个丰满又极具活力的聚落文化形象，无疑将吸引旅游开发资金进入，尤其是本省资金和人流，它不啻是都江堰旅游资源的延长。

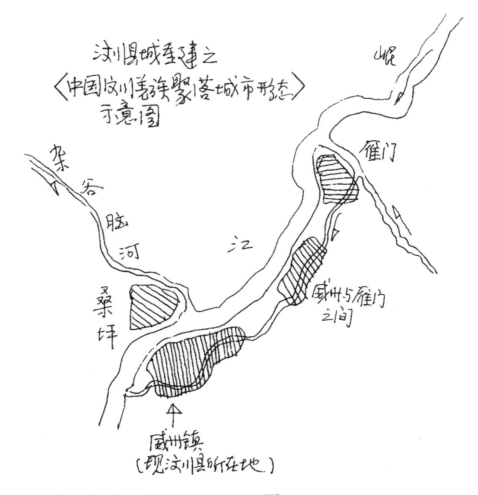

汶川县城重建之
《中国汶川羌族聚落城市形态》
示意图

岷

雁门

架谷脑河

江

威州与雁门
之间

桑坪

威州镇
（现汶川县所在地）

/⋀ 汶川县城重建之《中国汶川羌族聚落城市形态示意图》

　　世界认同"中国汶川"作为大地震核心概念，这种契机可以理顺大地震断裂带这一地理文化概念，但它要一个活生生的载体，选址今汶川县所在地威州镇自当必然。

　　"中国汶川"究竟是个什么样的地方？那里的羌族生存状态如何？大地震提醒了全世界。分散的村寨不足以传播这样的信息，更不容易把这些信息整合成文化产业，这就要有胆识、有魄力、睿智的决策者下定决心，借"中国汶川"之机，拿出大手笔的谋略和作为，创造一个新的大羌族聚落，以全面、深刻、系统地影响世界的"中国汶川"观。

八　羌寨雄姿

/▨ 木卡老寨

　　因此，选址以汶川威州镇为中心，辐射桑坪、雁门，进而构筑一个新的城市形态的历史重任摆在我们面前。

　　历史任务核心：一是以上面选址重新规划"中国汶川"的生态环境恢复重建，即一个全新的汶川城。城市形态坚决打破颠覆中国千城一面的无作为世风，明确提出以羌寨原生聚落为创作蓝本，甚至复制聚落，以此展示对文化遗产的主动保护和独特的人文景观城市形态。生态环境恢复重建充分吸收传统村寨植被绿化选择、引水入寨构成景观的优秀民俗。

　　城市建筑以羌族民居、官寨、碉楼等原生模式为借鉴，从内部空间到外部风貌，直到建筑技术，均积极借鉴其抗震原理并弘扬其非物质传统构筑文化。建筑控制限高局部四层（碉楼除外），外立面用石砌。

　　建议规模是以分散就近组团，把现威州、桑坪两组团变成威州—桑坪—雁门—威州与雁门之间的四大组团，以利于分散规模防震。所有组团均内含传统村寨规划的优秀元素，所有组团均引雁门岷江支流水入城，从而构成城市精神功能特色，达到真正有效的长远保护目的，使羌族的精、气、神有传统的规模化的物质空间来庇护和弘扬。

上述城市功能当然是以旅游目的来面向世界，宗旨是：任何有损于羌族特色的物质与非物质形态的保护者将被拒于汶川聚落之外。把"中国汶川"做得和丽江一样纯粹。

中国南方大多数少数民族都是古羌支系，它们的建筑上多多少少的空间元素都能从现羌族建筑中找到蛛丝马迹。羌族建筑从内到外的形态更是全世界独一无二的，创建一个以羌族建筑为主体的聚落群城市形态，无疑是唯一的。其蕴含的巨大旅游资源和价值是无可估量的，打破中国城市千城一面的示范作用是巨大的。

这种以城市为中心的聚落形态无疑将起到统领、整合分散在茂、理、汶、北有保护价值的原始村寨的作用。统筹这些资源的价值提升、分配，真正保护这些原始的村寨，必须帮助其构建自身的"造血功能"。

羌族村寨是一个整体，但必须有以点带面的举措，形成有机的文化网络，并逐渐构成各具特色的相互不重复的文化个性。这样，羌族文化产业才有长远的可持续发展的产业基础。

发现散居・发现聚落

关于散居

概　说

众所周知，中国是一个区域文化浓厚的国家，它的丰富性是一个民族几千年来的智慧结晶，同时也体现出一条寻觅发展的路。公元前316年，秦统一巴蜀，带来中原文化并大力推广，川人不仅从那时起"始能秦言"，说中原话，还遵循中原的居住习俗、文化。此俗肇始于秦"人大分家，别财异居"的规俗，即改革旧制，奖励耕战，打破聚族而居的宗法传统，规定成年之子必与父母兄弟分家，老人最后的养老送终留给最小的儿子。于是居住单位变小，相聚成村落更无可能，因而也产生了独具巴蜀特色的场镇聚落。也许从那时起，在约数十万平方公里的巴蜀之境，就开始各家各户单独散居于田野了。时隔2000多年的当代，此风仍然存在。

如果我们把"散居—场镇聚落—小、中城市—大城市"看成是一种人文生态的空间链与结构的话，显然，散居就是这种空间关系的原点。

问题是，之前普遍认为，巴蜀除少数民族外的汉族习惯居住区域，是一个传统村落或曰聚落从概念到形态的模糊领域，即巴蜀地区究竟有没有传统村落？说有者，拿不出像样的实例；说无者，也空有其谈。这就在巴蜀建筑的生态链上似乎少了一个传统村落或曰聚落的重要环节。

对这个问题笔者经30年调研，发现直至清末确实没有真正意义的自然聚落——以血缘为纽带和其他原因形成的传统村落。究其原因，似乎有如下之据：

1.公元前316年之前不可考，但秦灭巴蜀后必然把在中原推行的散居这种规俗和文化带来并巩固推广之。

2.分散在自己或租佃的土地旁居住，无疑是农业社会提高生产力的有效手段，形同分田到户，如此构成的生产关系应是先进的、具有生命力的。

3.四川（包括重庆和相关地区，下同）是移民省份，历朝皆有规模化的移民入川，移民的基因就有不断变动的成分，哪里好就往哪里迁，也形同现在四川在外地打工人数全国居先。清代移民长达150年，个中包括省内外不断变迁调整，尤其各省移民相互间的通婚及认同，所以要衍生以血缘为纽带的聚落，显见缺乏时间和环境来保证家族繁衍的纯正和持续稳定。所以，四川各省移民早已大混合散居，形成相互穿插、互不干扰、融洽包容的居住格局，这也造就了川人性格，反过来又支撑了散居的融融乐乐状态。

4.关键是，由于散居，巴蜀地区找到了一种新的聚落形式——场镇。一种以街道为轴线的空间特征的多元素构成的聚落。它的功能的全面性，远胜于自然聚落。而自然聚落必需的，它一样可以建在场镇，亦可散建于田野。比如祠堂，在场镇、田野都可建。族人聚居，相聚一条街、一段街也可。

分化、发展

随着社会财富积累不同、人丁增加等情况的变化，自然人们对居住条件的改善也有了相应的追求，于是散居的单体建筑必然分化成有大有小、有简易有豪华的多层次多形态的复杂局面。但它又受到中原建形制及文化的制约，因此总体上仍是中原住宅文化的地方化倾向，也就是具有巴蜀特色的中原住宅。这里的特色不仅指建筑景观、结构之美，理应包括文化内涵等。

分化导致财富不同的空间化，某种程度上展示了政治、经济、文化纠结在一起的物质民俗侧面，以及由此形成的住宅空间动态生态链，从住宅开间的原点空间到庄园庞大的空间极致，述说了一个发展进程，一个空间轨迹，它们是：

单开间—"一"字形—曲尺形—三合院—四合院—复合型合院—庄园。

此仅是单体住宅走向，不能全部说明巴蜀乡土建筑的真实生存状态。比如移民情感归属问题、行业态势信息掌控问题、居住宗教信仰问题、部分家族聚会问题等。尤其是生产生活资料交易、交换等问题都需要一个场合，一个有空间、时间（场期）保证的聚落新常态，场镇聚落于是应运而生。当然，也出现了自身机理性极强的发展轨迹，如下：

三五几家幺店子—水旱两路节点聚落—带状场镇聚落—网状场镇聚落—特定物象场镇聚落—首场与县治所在城镇。

在单体与聚落分化演进过程中，一些局部地区也出现了与中原住宅关系不大的、极具地方色彩的住宅建筑形态创造现象。比如涪陵、巴县、南川、武隆四县交界山区，于清末民初为防匪患，曾规模化出现夯土住宅的营造。以现存的近200例推测，高峰时上万例是可能的，自然个中有不少造型、功能等方面独特的案例，似可分为几类，值得一叙：

一、传统木结构与夯土碉楼结合：在中轴线以外的梢间、尽间位置，三合院、四合院的四角位置建夯土碉楼。

二、全夯土外墙，内部2—3层木结构独幢式住宅：四周开枪眼、投掷孔、小窗。本地也称碉楼，面积远大于上述碉楼，实为夯土住宅，均为本地农民设计创制。全为单家独户散居，极具个性，形态多端，与中原形制毫无关系。

三、土楼式：外墙夯土围合，内部按九宫格划分成2—3层穿斗木结构框架，中天井采光排水，个别有内回廊加隐廊，是和碉楼完全不同的内部空间系统，本地称为寨子。

上述尤以第二类表现出独创性，似乎与全国其他地区，尤其闽、粤、赣三省交界的客家等处山区不同，表现出全国民居的唯一性。

客家学学者罗香林列举四川38个县为客家人聚居区，其开头一二位就是涪陵、巴县。如果说上述三类住宅形态受原乡民居影响，第二类也是脱颖而出，是极其珍贵的民俗居住物种。

至于场镇聚落在分化演变中，内外空间易于判断者，数羌族、藏族、汉族交界过渡区间的聚落表现得最充分。比如，理县通化羌寨，本为羌族聚落，处在通往阿坝藏族羌族自治州的官道上，明显形成通过型道路，两侧紧列羌族民居，也开商店，但无汉式店铺形象的空间状态。这实际上已成带状街道，只是无场期的羌族场镇。此类状态还表现在雅安汉藏交界地区，西昌彝汉交界地区，酉阳、秀山、黔江等土家族与汉族交界地区，只不过这些地区两族空间交融的深度不同而已。与此同时，单体住宅也在上述地区发生各族民居交融的状况，理应也是一种汉族边缘地区的空间分化和发展。

下面，我们将分开介绍散居和场镇聚落。

单开间

这是一类大数量客观存在的民居现象，不要因为它们似乎不成形制而忽略它们，它们是过去农村中的贫弱之宅，面积非常小，多两辈人居住。它们可能是一切所谓有形制的民居的鼻祖之一。

它们大多数是草顶、杉树皮顶。草类有野生茅草，所以叫茅草屋。多数用麦草、稻草覆盖屋顶。双流、彭山、眉山一带，还有半草半瓦混合状态，即屋顶上半部分盖瓦，下半部分盖草。此外观微妙地反映了经济变化程度。草房一直影响到多开间，甚至影响到四合院屋顶。

单开间立面自然是两柱一开间，宽可达6米，关键在左右侧靠着山墙可搭建偏厦。因此面积支撑的功能就圆满解决了，比如厨房、畜圈之类空间。尤其堂屋出现了。此正是民间说的"假3间"。屋身墙体以木板、竹编夹泥墙为主。如果是夯土墙、条石或干打垒墙，因其墙体可以承重，开间的宽度就变大了，此算不算单开间呢？

在川西2000年间，草房遍及田野，也因此形成了专盖草屋的工匠——盖匠。营造学社刘致平作了深入研究，显然是受到量和质的吸引。它涉及复杂的工艺、结构、选材。四川其他地区单开间草屋各有招数，甚至出现两层有楼的单开间亭阁式草房。如果不计开间数，只论草顶，草房的极致可能是西南大学礼堂，大约20世纪60年代拆去，据说原是川东行署的礼堂。

"一"字形

成都牧马山东汉出土的庄园图像，左上方有两人"坐而论道"的房子，便是四川有据的三开间，也是散居于田野的庄园最早的确证，更是"一"字形的完整面貌。

所谓"一"字形，即住宅呈"一"字横向排列，多三开间、五开间，各地七、九，甚至十一开间者也时有发现，它不受"天子九间，王侯七间，大夫五间，士以下不得超过五间"的约束。笔者调研中没有发现二、四、六等双数开间，但在荆楚长江一带就发现过双开间。可见，中原住宅文化在巴蜀影响的深度和广度。因为只有单数才能适成中轴意义的厅堂。加之多山地形利于"一"字形空间展开、建造成本较低等，造就了单开间的"一"字形民居的广泛存在。

"一"字形平面亦变化丰富，但无论如何变，始终动摇不了中轴堂屋间的绝对位置，即"一"字形为任何传统空间的上房，只要一开建，不管最后发展成多大的合院族群，一般都不会动摇它的上房位置。但是四川的"一"字形为何宁可延长两端，也不愿加建厢房呢？除了地形所限，就是不给儿子留后路。此正是"人大分家，别财异居"俗风在住宅空间上的生动诠释。

简单的三开间次间，清代左次间多住父母，右次间小孙子可与祖父母同住。

川西大邑、邛崃一带现存的明代三开间、五开间民居，普遍带有檐廊或骑楼，所以，四川带檐廊的"一"字形民居和其他类型带檐廊的民居地区，甚至发展到有檐廊的场镇，恐怕都是明代民居的延伸。这里面不能光拿气候做解释，社会因素对建筑的影响在先秦时代就是主要作用了。当然，地形等自然条件的影响也占很大因素。

"一"字形民居是一个完整独立的民居品种，是巴蜀地区三代同堂最简单的合情合理的空间存在，也是空间伦理的原始形态。三开间的吉祥尺度框定是巴蜀民居尺度演变的原点。如堂屋宽度必须大于其他开间，且以"9"数为正宗。同理，三开间屋脊也须高于其他屋脊。相关的柱、础、枋、挑、门等尺寸与装饰一并纳入考虑，尤其屋顶中堆装饰，各地做法杂糅其间，但以塑造"寿"的各类符号为民居装饰最高境界。

曲尺形

木匠的曲尺相似于"厂"形，故称带一侧厢房的民居为曲尺形民居。四川真正成形制的规模化曲尺形民居少有发现。

首先面临的问题是：子女大多都要"人大分家，别财异居"，那么还建曲尺形的厢房给谁住？宁可加长"一"字形也不宜增建厢房，是四川民居少曲尺形的原因之一。

但是以广元、剑阁、旺苍为中心的川北地区，出现了一种貌似曲尺形的农村民居，本地称"尺子拐"。姑且称它为准曲尺形民居。严格说来，厢房至少有了"间"才像样，而"准"厢房只有1—2间。它的特点是：在梢间或尽间正立面方向呈直角伸出建房，形成一横一竖式。有伸出檐加廊柱，次间外檐廊再搭建貌似骑楼者，厢房开间的墙体以夯土、土坯为主，与穿斗木结构适成土木结合，小青瓦屋顶。

当然，在川内也分散有若干一正一厢者。其规模、形制，都没有川北大。厢房加建搭建的痕迹重，多作厨房、畜圈用，不是正规的曲尺形民居。

三合院

巴蜀地区三合院的特征，第一是需要一个较宽的天井（地坝）来晾晒庄稼。一个多雨多阴气候的地区，庄稼收回来，必须尽快晒干入仓。一年艰辛毁于一时，往往就是因为没有可以尽快将庄稼铺开晾晒的场所。

于是横5间、7间的上房，左3间右3间的厢房广泛出现。不少人家还在下房位置加了一堵墙，为的是有一道朝门，川西叫"龙门"，一个讲究的垂花门。简单而论，三合院是要有围合的。它是完整安全、小康殷实的空间形象。

四川早上雾多、阴天多，太阳多在中午露脸，下午日照较长。所以老农们常说：坐东北朝西南的方位，地坝可以多晒一会儿太阳，还可挡住冬天的寒风。这在风水上也是说得过去的好朝向，如果上房能高出厢房，天井矮一些，不仅排水防潮更佳，也可多晒一会儿太阳，更彰显了上房的神圣，还为今后加建下房，形成四合院打好基础。

有的三合院前面没有围墙，是全敞开的，这也没有错。笔者问过不少农民，大多的解释趋同：社会清静了，用不着围起来。还有人口增加，厢房不仅住人，什么都堆在一起，房间不够用了，加建了厢房。最有道理的解释是：围墙挡住快落山的太阳，影子（阴影）遮住地坝，也影响庄稼晒干的程度。把围墙拆了，地坝就可以晒到太阳落山了。这种三合院，川东叫"撮箕口"。

不少家庭儿子多，有的晚婚，还有厨房、畜圈等，都需要在厢房位置索要空间，所以，四川厢房不是留住儿子的地方。

四合院、复合型合院

四川的四合院概念，即一正两厢加下房，呈完整方正的围合状态。标准的是上、下房各5间，厢房各3间。喜欢在下房中轴间开门，不像北方，正宗合院于东南方开门，如果要做垂花门，则另外在下房前再围墙开门。

复合型合院，一般认为是纵横两向多个合院组合起来，其中以纵向为主。四川把此况概括成某家多少个院子或多少个天井，如某家12个院子，某家48个天井等。复合型合院是一个组合形态充满奥秘的品种。除简单的二进、三进合院之外，只要有纵横两向发生，各宅都有与众不同的说法和原因。比如大邑刘文彩庄园，其基本房舍部分就是一个曲回婉转毫无规律可循的复合型合院。人们企图用28宿、大熊星座格局去解释，终不得要领。事实为民国后期刘文彩从两户农民手中买了两个四合院，以其为基础，扩大、组合、展开。看不出有什么玄秘的道理，进去摸不着头脑便是"特色"，刘宅算是特例。

复合型合院在四川是一类个性化极强的民居品种，相信是有规律可循的。比如，清咸丰、同治年间，四川出现一次建设高潮，原因在太平天国截断长江经济动脉，使得四川借机发展，其盐、矿、米、油、绸缎等业都得到空前繁荣。于是，此一时期的不少建筑，尤其是合院系列，一反坐北朝南的方位常态，纷纷坐西向东。这种逆反阳宅风水方位之举，民间普遍认为是一种感恩之情。原因是如果没有东方北京的皇上恩赐特准，四川不可能获得这样的机会。这就是著名的川盐济楚在建筑上的效应，也是"紫气东来"诠释的四川版。

接着的轴线歪斜，大门超尺度做大，虚张声势等，尤其一些较大规模的府第甚至庄园，连兴建的钱财都要编一套龙门阵，谓之天赐、刚好用完、绝无剩余……成为谎言时尚。怪不得刘致平教授疑窦丛生，一再提醒"僭纵逾制"，这又从另一个侧面反映出世道的诡谲与艰辛。又恰如此，构成了川内府第、庄园，即复合型民居的一些特色。

一定意义上讲，乡土建筑的核心价值，在于与众不同之处。四合院、复合型合院个中小有变动，各有招数，理应是四川民居追求自由度的个性表现，各地逞能使怪，彰显独特，是一种创造基因的流露。再如川江庞大水系的滨水民居，清以来，决然罕见大门朝下游的案例，均斜对上游或垂直于河岸，此为社会常理，深入人心，何况大宅。又如刘敦桢发现三挑出檐是成都民居特色，出檐深者可达2.4米，这是很大胆很潇洒的飘逸风范，是川人门面构造上的诙谐。至于结构上如何把梁架张扬成美学，也值得一看。一般认为四川民居只是穿斗结构，确也如此；但有的人家在过厅和堂屋上则采用抬梁结构。过厅、堂屋是中轴要害，堂屋的尊严不说了，然而过厅往往作客厅之用，展示的不仅是一种宅道，更是一种美学。抬梁凝重，呈现出大气、豪迈、肃穆的技术美学，用在过厅不是炫富而是示美，这是穿斗结构不易营造的气氛。

另外，既然四川合院系列厢房，除小儿子可居住外没有其他伦理意义，为什么仍有合院出现？首先，中国人最高居住理想是合而有围才像家，要达到这样的境界，最佳形式便是融融乐乐的合院形态。就是小儿子外的兄长离开了，也一样要这样去表达，因为这是一个家的完整形象和概念。其次，经济能力允许。四川农业经济贫弱，要造成一个标准合院，大多数农民是不能承担的。邓小平故居仅一个很不规范的简单三合院，就经曾祖父、祖父、父亲三代人几十年分三次完成。可见，要营建一个真正有品位的四合院，是很困难的。

四合院地面标高以正房高出其他为正宗，同时又因此抬高了屋脊。究竟高出多少，民间的答复多是，凡正房高差以"9"为吉数，比如2尺9寸（近1米），1尺8寸9分（约60厘米）等，并以此和屋脊中堆里的"寿"字相呼应，里里外外营造长寿氛围，所以，依次类推过厅、下房8与6的吉数，充分说明了四川住宅营造的数字逻辑及所包含的文化内涵。

复合型合院，不少和庄园之间在形态上有些模糊性，又不能以面积大小、天井多少等因素划分。东汉画像砖上的庄园，面积不甚大，更没有好多天井，它是共识的庄园而不是其他。可见复合型合院是院落密集的一类民居。

庄　园

四川民居最拿得出手的乡土建筑。

散居的极致，四川古代地标。

始终是家庭概念，而不是家族空间。

东汉庄园解析

成都牧马山出土的东汉画像砖庄园，独立、完整、形象地反映出一个散居在成都平原的小康之家，距秦统一巴蜀 500 年左右。当时社会相对安定，农业个体经济应有相当的发展，亦造就不少富裕殷实人家。由此可推测富饶的川南、水运交通发达的川东、与中原畅达的川北古道也应该和川西一样，有不同品位的庄园出现。

东汉牧马山庄园是一个全天候回廊围合的农家，中间又用廊道隔而不阻地把其断开为两部分。右半是住宅区，有 4 柱 3 间抬梁结构的厅房，中间有两人正席地而坐，叙谈和观赏庭院"仙鹤"（有说孔雀者）起舞。不敢断言汉代堂屋的陈设，但左右次间显无内客，唯卧室无疑。若舍去庄园其他部分，只留下开间厅房，则为巴蜀一般散居人家性质。庄园有大门居中的居住区，大门外置栅栏，栅栏即现在川南仍存在的"门前扦子"，由浅进深的过厅形成二进式庭院。正是中原住宅性质中小户人家的四川版，是秦统一巴蜀后的产物。很显然，这是最多三代同堂的卧室有限人家，没有厢房供下辈结婚生子繁衍的人伦空间布置，又进一步力证了"人大分家"的四川居住习俗。

庄园另一半突出的是望楼式粮仓，粮仓高置，说明一楼两用。望楼是汉代流行于中国南北的设防建筑，具瞭望、观景功能。利用它同时作粮仓，诚当可能。但它的豪华与优美，又有展示宅主审美和显达的一面，透露出良好的经济和文化内涵，以及成都平原特定的田园风采和气候特点，还有空间认知和营建的共同基因。所以，现代成都平原农家乐处处神似东汉庄园。

粮仓下是厨房，有厨灶、案桌、水井、木架等，均是厨用不可缺少之物，特色核心在东南角位置。成都平原主要受东北、西北风影响，唯东南角的柴草秸秆烟霾避开了对全宅的污染。由此可见，庄园是继承中原民居坐北朝南之向。

一个小康人家可以形成庄园气氛，它或显或隐的空间密码，指导我们去破解清以来的庄园。故庄园不论大小，基本形态特征已经框定，作为模式或参照系数，也便于我们学习与判断现存的庄园。

特色是"万事不求人"的空间诠释

过去，中国社会事事得求人，要尽可能做到"万事不求人"，自然需要一定的权财基础及人脉。作为选址于农村的庄园单体，那是必须考虑的。

四川庄园选址在农村，是因为便于管理自己的田亩。据查也有委托机构，富顺县就有专门的田亩管理所，但不负责收租。不一定庄园都在生产粮食的平坝丘陵，恰有大部分在深山老林、人烟稀少的隐秘之境。清代庄园现存较多，因此有人怀疑与反清啸聚有关，或修建庄园的钱财来路不正，因为部分庄园主不与农业有关，像是隐居的外来客，大致梳理下来有高人、政客、学士等，不少标榜不是本地人。

选址的安全性为万事之首。依赖风水设防只是多精神威慑，实实在在谋筹长期优质地生存下去，物质和精神需周全。所以，要有严密的围合以及退路。如果被包围，敌人久而不撤咋办？因此，敌情观察、粮食及加工、水源保证、柴草储备等都需予以深层考虑。

庄园也不是面面俱到的空间，根据当时、当地、当事的具体情况总有出入增减，通盘平衡下来，从空间角度而言，产生了一些形态上的模糊性，即功能完整性受到影响，自然会波及庄园的概念性。最大模糊性在于和大型复合型合院的区别。区别又表现在各功能空间的有无及多少上。大型合院以纯居住为主，以住宅外墙兼作围合或夯土薄墙，尤其没有碉楼类设防空间，甚至没有仓库、马厩、作坊等处。恰有的复合型合院有一些这样的空间，但又没有坚实的围合，我们或称之为准庄园。

四川有不少山寨，是一种以防御为主的、大部建在山顶的建筑群。有些貌似庄园，如武胜宝箴寨、隆昌云顶寨，它们都有坚实、高大、完整的城墙式围合。它们和庄园最大的区别是不常住人，只是战乱匪患来临时暂避一时之所。但一些庄园借鉴了山寨的围合形式及做法，如屏山龙氏山庄，之所以叫山庄，是因为有山寨和庄园相互渗透的内涵与空间构成。

"万事不求人"是有限的空间追求口号和愿望，实际上是不可能做到万事不求人的。下面，我们对庄园空间构成的部分要素逐一加以解剖，它们是风水、中轴线、围合、交通、结构、教育、娱乐、祠庙、作坊、闺阁、装饰、桅杆等方面。

风 水

四川人口集中的盆地内，主要是丘陵，其间溪流江河纵横，构成了风水相地绝好的天然资源。加之又遇上江南各省讲究风水的移民，"易学在蜀"的历史文化和社会铺垫，于是清代四川形成了做建筑普遍讲风水的风气。

不过，稍沉下来观察就会发现，不管把风水说得有多玄秘，在阳宅即住宅的选址上，就只是朱雀、玄武、青龙、白虎四大条件，清晰明朗。就是如此，资源虽好，也很难找全真正标准对位的山水、地形、地貌。所以，风水术在四川的演绎丰富多彩，变化多端，自然也就反映到庄园选址上。

比如温江陈家桅杆庄园、郫县安靖邓翰林庄园一反坐北朝南方位，改为坐西向东。成都平原历来视西来岷江诸支流为上风上水，如果住宅面迎风水五行中"水"的正道，必然是坐东向西。此一举，恰使住宅背对恩赐功名于己的东方北京的皇上，这是很忌讳的。更忌讳的是，若换成坐西向东，成都东向一带自古又是坟场，如明代官员都埋在那里。同时岷江诸流直冲住宅之后。两相比较，取坐西向东为万全之策。自然，所谓正宗的中原坐北朝南方位风水选址术也就不存在了。这种自圆其说的乡土风水正是刘致平教授指出的"僭纵逾制"的又一范例，它的影响基本覆盖成都平原的豪宅。不过，这里又涉及了川盐、川米济楚的原因。豪宅主们因此获利，全仰仗东方皇上的政策，所以有钱修房子，有钱捐官，在清咸丰、同治或稍后时期住宅出现坐西朝东的现象。大部分豪宅也有此原因。所以"紫气东来"一词也就处处皆是了。

再举几例风水选址自作主张之例。江津风场会龙庄、塘河石龙门庄园，均有一个"龙"字冠名，意即宅主自以为有龙的属相，是龙的传人。那么，其庄园就应该是龙窟、龙的归宿之所，因而地形地貌的选址上就应该有一"窝"的形状，即民间说的"燕窝形""椅子形"。这种地形往往只有山而无水，又地处深山，生活不甚方便。所以，土豪们不顾大道风水中的诸般要义，尤其不顾宅前必有水的弯月形绕流环护形态，食用水也只有打井了，更没有正前方低于宅后祖山的朝案之山了。如此顾此失彼、缺这缺那、要件不完备者，理应占庄园选址的大多数。

再如：屏山龙氏山庄，祖山（玄武）不清晰，虽处高山之腰部，却没有青龙、白虎的左右山峦环护，宅前更无流动水渠权充朱雀貌。

仪陇丁旅长山庄，有祖山曰"官帽山"，其貌极似清官员花翎顶戴，是极佳的祖山形象，又有一定的山脉走向延伸，可称龙脉，可惜左青龙、右白虎山峦缺位。

真正完美的庄园山水风水格局者，是罕见的，包括笔者调研的100多例四川近现代名人故居的风水，总少一些要件来附会其说。不过，四季常绿、温润秀丽的四川盆地，也总有一些生态良好的自然貌引人联想。于是，颇具四川乡土特色的拜物教原始情调开始泛起，以弥补风水选址的不足。比如：住宅前后一定距离有大树，或有意栽培或天生有树，但必须和中轴线对直。大树意味着树大根深，枝多叶茂，子孙繁多，家族兴旺。如井研千佛雷畅庄园，一后一前有大黄葛树各一株。又如宅前中远距离，有泛白色悬崖绝壁，山脉逶迤婉转，绵延横卧。民间古传，此处有白龙出世与住宅相联系。

还有宅前笔架山、官轿山、玉带河、锦屏峰等。这是自然崇拜与人文崇拜的结合，是中国人将生态保护反映在住宅环境上的愿景。

最后，又回到前述成都平原，它西部有龙门山脉与邛崃山脉，东部则有龙泉山脉。西东相距约 80 千米，西山远高于东山，若平原住宅坐西向东，正是祖山高于案山、朝山之貌。且西山山脉重峦叠嶂，无限延展，其博大深邃亦是龙脉宏巨之景象。故平原可以作为两山脉之间的明堂来解读。明堂跑万马，也正是给人驰骋想象力的良好居住场所。再加上密如蛛网的河流，均是风水择地可组装的构成要件，是成都平原清代住宅几乎众向一致，普遍纳入方位依据的理由，即坐西向东。

建筑大师、西南建筑设计研究院原总建筑师徐尚志先生的著名理论"此时、此地、此事"说，讲的就是不能脱离实际看问题。成都平原乡土风水，自成系统，拿选址方位开头，再加感恩于东方的皇上，仅住宅方位一事，足可推测一个地区的文化城府。

中轴线

四川中轴线概念本为祖堂与大门相值的一条虚拟线，为一宅之神圣。但不少庄园或大宅在宅前的围合中，不顾原大门位置再开一道门成为头道朝门，原大门成为二道朝门，这往往与祖堂形成角度而导致轴线偏斜。也有在二进、三进等多进的主宅中，有意让轴线偏斜的。偏斜来自事前的设计，一时间成为清末四川大宅的一种时尚。

时尚的第一要义是风水，谓之避冲煞。据说垂直直通的、毫无阻拦的视觉通道有冒犯祖堂香火神圣的忌讳。第二是防跑财。空间顺畅无阻，让钱财流走，唯多进庭院形成错落，才会层层截住财喜。第三是护女眷、防盗匪。从大门一眼望到底的轴线空间，对女眷安全不利，同时又给匪盗带来窥探机会。如果还不放心，再向大门内专设屏门、屏风，同时绘制神兽以吓退诸怪。

中轴线是复合型合院主宅（带祖堂香火之宅）、庄园主宅的中枢神经、住宅脊梁。无论纵横两向多进合院有多少条长长短短的轴线形成网络，只要中轴线存在，空间就不会散乱、错乱，即使偏斜也无妨。反正，若要空间变得迷离，则首先取消中轴线，让人进去摸不着头脑，找不到南北。请注意，这句话的原始意义就是找不到中轴线。恰如上述，进得园中一派茫然。当然，这又是川味浓烈的一类空间特色，亦最终构成特例，烘托了极富个性化的地域乡土建筑文化气氛和色彩。

中轴线是住宅空间的原点，也是住宅的结局。从单开间到大型庄园，多数遵循建房的起点和依据、次序和逻辑、出处和由来。比如改南北向为东西向的中轴方位颠覆性变动，恐怕在国内罕见二例。但把皇帝抬出来，说他支持了四川经济，为感恩而变动轴线，又有谁敢多言呢？"挟天子以令诸侯"反映在住宅上、中轴线上，正是"僭纵逾制"的最大怪招，一定程度上反映"天高皇帝远"的四川世风：做事有据、自圆其说。反驳者无从说起，实施者稳操胜券，此正是住宅文化深邃之处在区域性上的表现。

围　合

凡庄园，一定要有围合，围合有多种情况。

条石厚墙型加四角碉楼围合：墙高3—5米，厚（宽）2米。墙上全覆盖小青瓦廊棚，全天候城墙式。廊子从碉楼中穿过，墙体外侧上部设垛子。人可以在墙上巡逻，如屏山龙氏山庄等。

条石夯土，薄墙型加四角碉楼围合：墙高3—4.5米，厚0.5—0.8米。脊上覆盖小青瓦或素筒瓦、石板瓦或片砖瓦。墙体和碉楼接头处错开，内宽外窄，以免挡住碉楼视线，影响射击。碉楼设门单独进出，但4个碉楼是一个整体，相互没有观察死角，如武隆刘汉农庄园。

砖石结构墙体加四角条石碉楼再加地下通道围合：墙高4—8米。墙体每隔4米有砖柱。碉楼高20米，地道有门和碉楼相通，也有通向田野的密道和出口，如泸县屈氏庄园。

砖石结构墙体加四角4个近代平顶碉楼围合：墙内侧贴墙围建一圈连续拱廊式骑楼，亦与碉楼衔接，是川内庄园中近代建筑特色最突出者，如泸县屈炳星庄园。

多层墙体设防围合：夯土墙3层，每层相距约3—5米，墙厚约0.5米。呈半圆形，围建在庄园后山地上，前有悬崖以为天然屏障，如江津石龙门庄园。

悬崖加条石厚墙围合：四分之一临深渊，约四分之三构成为条石垒砌加碉楼。墙上可以巡逻，是利用天然地形设防的一种案例，如江津会龙庄。

还有一种是把四角碉楼变成长方形悬山式住宅貌，墙上照设枪眼、投掷孔，以化解碉楼的硝烟味，然后夯土墙围合。大门前再添置木制栅栏，楹联左书"德门瑞雪书香远"，右书"兰砌春深雨露多"，传导的是有文有武的儒风。

牧马山庄园木回廊围合，是目前所知庄园围合的始祖，通透、疏朗，兼交通环线。除廊道木结构之外，围合的实墙部分尚不能确定材质。无疑，是它们影响了四川民居的设防工程2000年。

当然四川庄园设防，也全面吸收了历代民居设防的优点。先从冷兵器时代的投掷、弓弩到后来的民国现代兵器防范，均在建筑设防设计上做了深入的研究和实践。比如整体设防，庄园用地一般大致方形，四角设碉楼，与中心点半径大致相等，有敌情可同时间进入碉楼，无时间上的薄弱环节。还有围合内墙面与内部建筑分开，形成无障碍环护通道。若全天候，则覆盖成隐廊。

碉楼是围合的高潮节奏、节点，有自身的空间特点，亦形成体系。它除了和墙体形成结合，在单独的存在中更散见于诸多场合与空间，比如场镇碉楼、民居碉楼、关隘碉楼等。庄园碉楼的特点是和围合的墙体有机地串联在一起，不是单独存在的设防体，但就个体而言，其结构、材质、设防构造等空间要素是没有本质区别的。

庄园碉楼是庄园的制高点，低矮者3层，最高者7层。绝大多数在太平时辰，利用其高度可瞭望观景、打牌赌博、读书针织、储藏种子。也有考虑长围不撤的设施：底层厨房、水井、厕所、通向田野的地道口。个别乐天派在顶层划一半作戏楼，独享曲艺、折子戏。总之，宅主各有所爱，是围合的特色与不同之处。

交 通

无疑，无论什么样的庄园，中轴线是主干道，总节点在堂屋前。有的怕客人多，接待不了，空间有限，在堂屋前天井加盖抱厅，这在川南比较流行。无论中轴串联的是几进合院，祖堂必是最高处，大门总是标高最低点，相反者少见。就是平原，高一步20厘米的石阶，或在堂屋前形成一个有坡度斜面的旱桥，也毫不含糊地完成庄园道路最基本的使命：以祖堂为尊，以北为尊，以高为尊。中轴道路由低到高，心态亦随之涨高，这是道路融入文化的绝妙之处。四川似乎没有更多招数。

但大门进入的方位变数却令人耳目一新。众所周知，庄园有多种方位从正立面进入，或轴线处逢中正南开门，或学北方于偏东南向开门，或如牧马山画像庄园偏西南向开门。恰东南向、西南向开门者在现存的庄园中少见。轴线上开门者不少。这就出现了一个问题：庄园大门内侧往往是戏楼，由于进门后要从低矮的昏暗戏楼下穿过，大有委屈的胯下之辱感，似有给人下马威之势，进门之后，家人客人都不愉快。于是出现了庄园左、右前侧方开门的变动，尤其右前侧即西南方开门的实例，涪陵陈万宝庄园即是。这就在交通的第一关上给人委婉亲和之感，让人接纳，尤显祥瑞。

庄园多进合院中轴线道路需穿过天井，晴天尚可，雨天，在轴线两侧的厢房前设檐廊或长出檐形成全天候过道。特色在檐廊，进深长者可达4米甚至更多。遇到红白喜事在作为道路的廊道上举办盛宴的壮观景象，正是物尽其用的又一例证。

实际上，好多不以天井当路，致使其长满青苔，原因恐怕又与设屏风有关：从大门进来后的屏门不常打开，叫人左右分流进入厢房前的廊道。这种绕行术，可能影响社会深层结构——人心，不知有多深。绕行至过厅又有屏风，反正不让人一眼望到底，以强化祖堂的神秘。

中轴线道路呈主干道，上面分布着通往横向空间的若干节点，虽然也是路，形象却是厅、堂、天井、巷、门。横向的平顺是由纵向的坎坷承担的。所以，纵向是深度、高度，横向是宽度。由此构成的道路网络，才能稳定家庭的生存常态。这便是空间文化的魅力和约束力，以及传承的张力。

结　构

四川乡土建筑木结构系统，大部都用穿逗结构。恰这个"逗"字，当今有的建筑人士、媒体人士都改用"斗"字。川渝两位建筑大师徐尚志和唐璞先生，一生都用"逗"字。"逗"是四川方言中的一个动词，表达的是构件之间的咬合方式，动作，逐渐它转换成一个名词，一个乡土建筑结构名称。徐、唐两先生，在教学与生活实践中遍用此词，理当是经过时间考验和严密考证的。此类结构在巴蜀地区最普遍，采用"逗"的发音和书写更具地方色彩，更具有针对性和生动性，更能使人发挥对事物的空间想象力。

还有四川民居庄园，山墙一侧，往往要用片砖空斗墙、卵石、条石、夯土、土坯墙，构成一些形状各异之墙。其中以圆弧形"猫拱背""翘宝银子"形，与三山式、五山式的平直墙脊者为多。恰此，圆弧、平直的造型，前者寓比风水五行中之"水"或"金"，后者为"土"与"火"在山墙形象上的塑造。"水"与"金"即钱与财，所以庄园合院建筑下房山墙面（尤其街道民居下房临街铺面山墙），几乎均是圆弧形风火山墙。而中厅，正房山墙则多三山式、五山式风火山墙，这里说的风火山墙不仅有防火防盗的"封墙"作用，还有风水含义。当今有人把"风"改成"封"，曰"封火山墙"，这就只有单纯的物质意义了，山墙也用不着搞什么圆与直的造型，如此也就是一堆建筑材料了。

当然，风火山墙还有匡护内部木结构等作用，然而风水对于建筑的干预已盛行千年，事实是不容曲解的。尊重不等于提倡。

不少人一见到各式风火山墙就说是"徽派建筑"。其实，四川民居是南北风格的混合体，也是中原建筑文化区域化的载体。就像语言一样。四川是一个移民省份，清以来移民又多是闽、粤、赣、湘、鄂等省之人，他们把建筑文化中大同小异的局部构造带来四川，亦经300年融合，产生融会过程中的文化现象。所以，四川民居还没有定型，清代300年不可能创造一种个性特异的大区域文化。时间太短，它还在发展之中，还没有出现像土楼、窑洞等个性张扬的形态。虽然庄园有点味道了，但毕竟又没有普遍性。综上，尤其"湖广填四川"中安徽移民极少，所以不会影响到风火山墙这样的细节。

学　堂

　　祠堂门厅左右侧各有一间学堂，称西塾、东塾。庄园多数把私塾即学堂安在大门进去左右侧。据说，小孩子喜吵闹，过去读书是高声唱读，把他们安排得离祖堂、居住区的上房远一点，图的是清静，也方便外面其他的孩子上学。四川三代同堂的家庭多，读书的孩子却不多。有虚设学堂，有空间无先生、学生现象。

　　温江陈家桅杆庄园学堂设在大门进去右侧，有一室外空坝子权当课外活动的操场。教室内光线昏暗，墙用砖砌，仅漏花墙作窗，透进来的光线微弱，教室气氛冷清。这景象使人想起鲁迅笔下百草园与三味书屋的明朗，我去过那里，感到四川和江浙是有差别的。

　　尤令人不解的是，竟然把道教思想和学堂连在一起，一个小天井贯通学堂，天井一堵墙正对教室，上面阴刻打油诗一首："春花开得早，夏蝉枝头噪，黄叶飘飘秋来了，白雪纷纷冬又到，叹人生容易老，不如早清闲乐逍遥，虽不能成仙了道，亦不至混俗滔滔。"此几乎等于学堂的校训，可能正是当时流行的人生思潮，或川西奢逸之风的社会反映。

　　和学堂比较，娱乐空间就豪华多了，一砖石雕花照壁和花厅灰空间形成夹天井于其中的轴线，背景正是假山、水池、亭廊、水榭……尤其围绕水池一圈的廊榭与花厅相接，显得风雅而浪漫。此处作为学堂，孩子们读书的环境该多好！也给了大人们逍遥。拿今日一些学校与所谓公园会所相比，不正是上述的延伸吗？

　　更多的庄园不重视学堂的专用空间，有摆在堂屋的、过厅的，有临时放在廊道上的，有置在偏僻的小天井的。总之，有祠堂私塾、场镇学堂可供选择，庄园内的教学设施就懈怠了。相反，多数庄园很重视娱乐，普遍都有戏楼之类。当然，本质上是因为在四川散居造成的家庭单位较小，人口被约束在三代同堂的小范围内，子女总体不多，"读书无用论"根深蒂固，所以，庄园里的学堂空间大多被忽视了。

　　与此同类的书房、书斋空间，多设在宅主卧室内或娱乐空间旁，如江安黄氏庄园在水池旁，温江陈家桅杆庄园与娱乐空间公用，少见单独的、品位高的、装饰典雅的真迹。也许，我们这代人调研时就已经面目全非甚至消失了。

娱 乐

清代是川剧、曲艺，地方杂剧高潮时期，普及程度之高，今人难以想象。因此，衍生了千千万万的演出场合和空间。首先是戏台、戏楼。这里面又有演全戏或者演折子戏与曲艺的区别，后者就用不着大进深尺度，因为不演全武行戏。再则，又分公共场合、私家住宅。总体而言，宫观寺庙、场镇街道里的戏楼多于私家住宅，但演折子戏或曲艺的楼、台、厅、道则私家多于公家。原因是实际需要用地。所以，有的私家戏楼，戏台只有 2 米左右进深，小巧而优美。公私两家一起算，清代戏楼不下万数。其中，庄园戏楼就太微不足道了。但庄园必设演戏场合，大部分戏楼设于大门内侧中轴下方端点，面对祖堂，天井、过厅等空间权当观众席位处。若没有戏楼，也可在厅堂、廊道等处演折子戏或曲艺。乡间生活冷清寂寥，有戏可演可娱乐人生，亦可和谐乡里。

梳理下来，庄园演戏场合特色在"怪"字，可分为各色人等分开看、碉楼上下均可看、廊道花厅照常看、不是戏楼一样看等。

各色人等分开看：庄园里有男有女，有外来宾朋，如果都一起在黑灯瞎火中看戏，有的随着剧情变化，情绪亦随之起伏，万一情不自禁出点什么差错，就有伤大雅。干脆分开看，分开建戏楼、戏台，免得节外生枝。洪雅曾家花园建了两个戏楼、一个戏台。主人、宾朋、佣工分开，各看一台。

碉楼上下均可看：不仅太平岁月要看戏，兵荒马乱时期也要看戏。兵荒马乱时期如何看？如果兵匪就在附近，骚扰也就瞬间而至。泸县屈氏庄园把戏楼贴紧碉楼建，亦将演戏院落围合，独立成体系，形成庄园内的园中园。更精彩的是，万一兵匪打起来了，戏瘾仍浓咋办？那就直接搬上碉楼继续演。为了适应此局面，川人也就把碉楼顶建成戏台模样，还留了一半作看戏用。

廊道花厅照常看：折子戏、曲艺，动作不大，人物不多，在庄园内适中地方演出即可。江安黄氏庄园在廊道上抬高几步石阶，即强调了一下功能，形成一个 10 多平方米的台面，平时作交通过道，有戏演时作戏台，一廊多用。又如温江陈家桅杆庄园无戏楼，演戏在有花厅的一座附属院落中，小中轴线上的花厅呈半封闭状态，有戏全可用上，无戏作待客闲玩之所。背景门窗是活动的，打开就是花园，花园中有水池、假山，刚好作吹拉弹唱的底景，十分巧妙。

不是戏楼一样看：无论公私戏楼，总得有个形象风貌，即多歇山顶，戏台凸出，加大进深，有台唇且雕刻戏剧人物，还必须在大门中轴线内侧上空等。恰川中不少在庄园、府邸的同一位置不作装饰，什么都与左右房间一样，只是开间尺度大一些，一般看不出有特殊用场。但平常空留不用，有戏时可以照演不误，如江津会龙庄。

四川清代戏楼有万数之巨，实在千奇百怪，五彩缤纷。从数量和质量的辩证关系而言，个中璀璨者不是小数。这是一笔非常宝贵的空间、文化、戏剧智慧财富。庄园戏楼只是其中小菜一碟，不足挂齿。

寺观与祠堂

既然庄园宗旨是"万事不求人"，那么要不要在庄园内建寺庙、道观之类，以满足宗教信仰之需？事实表明，没有发现这样的专用空间。尽管温江陈家桅杆庄园在祖堂后设佛祖堂，在学堂天井墙上留道家思想题词，但均不能代表佛、道二教已经进入庄园，何况上述与这是两回事。关键问题是传教布道的和尚、道人没有到位，就不算真正的寺庙、道观。何况，要把公共建筑私家空间化，将带来很多的问题。

而祠堂进入庄园、复合庭院则是顺理成章的。四川汉族地区虽然没有自然聚落，无法在聚落中找到它的踪影，但它可以选择以下几种方式建祠堂：

1. 同姓同宗散居比较密集的地区可以找适中地方选址建祠堂，如云阳里市乡彭家祠堂。

2. 在附近场镇上建祠堂，如江北龙兴场刘家祠堂、明氏祠堂、包氏祠堂。

3. 建在城市里坊街道之中，如成都青龙街邱家祠堂、薛家祠堂等。

4. 把祠堂建在家宅内、家宅旁，但多家祠、支祠，宗祠、总祠少见，如温江陈家桅杆庄园家祠等。

陈氏家祠设计得很有特色且具有代表性：家祠安排在庄园左侧中部，和学堂一墙之隔，有门相通。显然，这是把家塾教育与祠堂空间连通在一起了。其意在教育子孙不要数典忘宗。

陈氏家祠占地80平方米左右，中分南北两块用地，由此开门进入水池，上有石砌奈何桥跨水面，桥上覆盖青瓦小廊棚，桥加石栏杆并设望柱。门口有楹联"圣往未酬忠务尽，光灵欲妥孝当思"，忠孝两全也。过桥是拜殿、寝殿合一空间。祖宗牌位墙中部为毫无装饰的素墙，左侧却有阴石板文字镶嵌于墙中，说的是陈氏宅主从山县到温江的过程，意为祠堂开山之祖，是家祠而不是支祠，更不是宗祠。另一面，宅主坦然于祠堂中交代自己的来龙去脉，尤可见建宅钱财和功名的来路正当。不像有的庄园，编一大套龙门阵愚弄乡里。这就把祠堂内涵推上了更深的层次，尤其是移民的外来户，以及四川内部二次、三次、多次移民户。

祠堂设在家中，正是个别散居人家的一种空间选择。这种空间是多种多样的：仁寿文宫，石鲁家族冯氏宗祠设在庄园附近街上，三叔冯子舟宅旁，占地不多，拜殿、寝殿合一。

从大门进来的上空，有进深仅2米的小巧戏楼一座。祠堂左右处墙各镌刻家训、家规多则。金堂五凤溪哲学家贺麟支祠，另辟和住宅合院同等大小院落，堂居间改为奉祀祖先牌位的寝殿，以区别旁边院落的"天地君亲师"香火堂屋。井研雷畅庄园，也单独把雷家祠堂修在附近，和庄园相邻相依，便于族人祭拜。祠堂为二层砖木结构四合院，从大门进来上空为戏楼，形态不作专门修饰，和左右间形貌一致，实则就是一座四合院。但是，正立面全为砖砌，装饰灿烂，有光照四射的辉煌感，和内部清素、泛旧的木结构比较，反差太大，也带来不同的评价。

作　坊

四川对粮食、蔬菜、肉类的加工理应始于家庭，如邓小平故居上房左尽间转角房，又称粉房，内置石磨、厨灶等设施，显然是加工粮食的作坊。

成都牧马山东汉画像砖庄园图像中，高高的粮仓下面，有水井、厨灶、木架……很可能就是兼作厨房的作坊。尤其是高木架，从其他汉画像砖庄园像可知，有可能是高吊牲畜、解剖牲畜、加工肉食的设备。

作坊在庄园、大户人家是必备的，而且有专用空间，比如加工稻谷的，呈圆形碾槽的，有单石碾、双石碾的碾坊。有利用水力傍河而建或引水进房冲动的水车，从而带动石碾子转动者。更多的是利用牛马牲畜拉动石碾加工稻谷脱壳。如果再深加工其他品种，诸如麦子、豆类、油菜籽、药材等，那么就会同时延伸出面房、粉房、榨油房、蚊烟包装房等。于是作坊、建筑就出现了。

由于作坊有烟火、噪声、粉尘、不一样的气味等不便之处，一般都安排在庄园偏角之处，尤其是避开居住区风向，但用水方便的方位。当然，一切视具体情况而定，原则是安全、方便、无污染。

从绘画美学角度审视作坊，无疑作坊的简单粗犷构架、不规范的搭建，恰是生动的构图。有的材料初加工的原始色彩带有充满生活气息的田园情调，弥漫着浓郁的乡土气息，在和严谨规整的住宅对比中，显得很自由很放松。诸如偏厦一般的碾坊，染房上空挂满黑蓝二色的染后待干的布料及晾架，以至生活必需的酱园房，里面有泡菜、干咸菜、豆瓣酱甚至鱼肉加工品等。它们的建筑说不上多有设计，表现的只是一种空间性质的生活场景，一种建材的就地取材。

闺　阁

闺阁之谓，当然是尚未嫁出去的姑娘起卧之楼阁，楼阁有楼，闺房不一定有楼。有楼的俗称小姐楼、绣楼，一般 2 层，摆在庄园内什么位置，没有找到说法。现状没有规律性，多在合院四角，视线容易观察到的地方。

为什么稍有条件就要为家中姑娘专设用房？一则是父母的疼爱，一则是对女儿行动的控制，为的是在女儿嫁出之前给她一段宝贵的人生记忆，同时享受别人没有的奢侈空间。所以说男尊女卑的观念不一定全对，有空间做证。

闺阁因为有楼，屋顶独立高耸于其他房屋，悬山、硬山、攒尖、歇山等形式都有。面积都不大，但一般都窗明几净、清爽利落，里里外外别有风采，是呆板四合院中的亮点。尤其与碉楼、书楼等院内高耸物形态有别，尤显得抢眼，一看便知。而且，庄园、合院千千，闺阁没有一处雷同。物体虽小，却蕴含民间巨匠独立的思维与手法，无限妙趣也。

然而，楼房空间毕竟有限，加上有的家庭女儿多，于是出现了没有楼的闺房，尤其是成单元性质的四合院或有围合的园中园。两者共同点是空间独立但又和主宅联系在一起，结构相依，梁架相通。没有太出格的形态，却也一眼便知。

江津石龙门庄园，把闺阁放在庄园左前角凸出处，呈"E"字形平面，山墙临岩，有悬廊破山墙而出，可眺望山野峰峦。有门自主宅进来形成围合，相对独立于庄园。建筑为砖木结构，挺拔硬朗，装饰多于主宅，整体文化气氛大大优于主宅。据说，有主人多重思考：待女儿嫁出去之后，改作书房。此闺房属园中园，虽然偏了一些，但空间与主宅没有隔断，只是围合更严密。

温江陈家桅杆庄园闺房放在正房左侧檐廊尽头处，进门是小天井，有一正一厢式小开间房间围合。其他两侧是正房山墙和隔墙。于是，貌似四合院的独立形态形成。虽然这种小尺度、小开间用房是为闺女们量身而做的，是一种在家庭短暂时间的空间化，但绝不因此马虎了事，从方方面面都考虑到了她们的安全、方便、舒适。建筑虽然是小青瓦，竹编夹泥墙，但开窗较大，还有吊柱、撑拱之类装饰，凡一切工艺皆高标准要求，宁静素雅，很符合姑娘身份和气质。

当然，不少庄园没有小姐楼，在某庄园我问过一老人是何原因，老人很不理解地说："尽是儿，没有女儿。"

装　饰

对府第、庄园而言，装饰是依附在建筑上的文化。它无孔不入，布满屋顶、屋身、屋基。但万变不离其宗：以吉祥为宗旨，以"福、禄、寿"为表现主项，以"喜"为补充，内容涉及寓意吉祥的动物、植物、器物等。

林徽因最推崇屋顶："屋顶部分，在外形上，三者（指台基、屋身、屋顶——笔者注）之中最庄严美丽，迥然殊异于他系建筑，为中国建筑博得最大荣誉的，自是屋顶部分。"

四川建筑学泰斗徐尚志大师认为四川民居屋顶有飘逸的美学特征。这就是屋顶装饰的哲学铺垫，即它是神圣的、不可亵渎的，同时它又是多变的、轻盈美丽的。如果我们要在上面做装饰，只能是歌颂、赞美、祈祷、锦上添花。说到底，宅主今生今世荣华富贵的得来，全仰仗祖辈及父母的福祉恩赐、国家的提携培养，因此有对长寿的期望，简言之，就是"福、禄、寿"三字含义，即覆盖了所谓的"家国情怀"。把它连贯地表达在屋顶上，是过去时代一切既得利益者、憧憬美好者必须高度遵循的。四川民居，尤其庄园不能例外。如果说有何特色，也就是技术层面上的夸张。从大量清末外国人拍摄的照片和笔者的考察中，我们看到脊饰的辉煌，看到正脊瓦饰与灰塑有序堆积的灿烂，但内容大致相同，即"福、禄、寿"三字所包含的方面。

四川庄园主宅多二进式，正是恰好有能表现"福、禄、寿"的绝妙屋顶，下房脊中堆塑"福"字，中房（过厅）脊上中堆塑"禄"字，正房（上房）中堆塑"寿"字。几乎都用小青瓦做一条脊的各式图案。"福、禄、寿"三字或用碎瓷，或用灰塑构成，凸出字形，镶嵌于象征三字的物象图案上，比如福与佛手瓜相配，禄与葫芦相配，寿与桃相配等，皆取其谐音和寓含的意义。所用的黏合剂，多为石灰糯米浆，它比较轻，堆砌在脊上，对大梁形成的压力较小。选择大梁时也应充分考虑材质，何况大梁在室内还要装饰。比如在中部彩绘太极八卦，寓意建筑阴阳平衡的稳定安全，有的还写上上梁时的年、月、日及设计、施工的匠人名字等。

笔者20世纪70年代在酉阳龚滩曾会见一位80岁雕花木匠，也可称小木作木匠，他说："该怎样就是怎样，'福、禄、寿'三字不能秩序搞乱了，下面（指屋身）根据上面（指屋顶）来，很清楚，屋身的装饰内容必须和屋顶'福、禄、寿'的内容保持一致，否则会出大错。"也就是说，建筑各部装饰是有归属和规律的，涉及梁、柱、础、挑、枋、撑，均各有自己相对稳定的表现范围和内容，具体就是下房（下厅）对"福"，中房（过厅）对"禄"，上房（堂屋）对"寿"。这些屋顶部分必须对位构思、制作，在动物、植物、器物等领域寻觅吉祥的对位形象，它们是：

动物：蝙蝠、鹿、鹤、龟、喜鹊、狮、虎、马、牛、猴、蟾、兔、鸡等。

植物：牡丹、桃、佛手瓜、石榴、莲花、梅、兰、竹、菊、灵芝、葫芦、桂、百合、萱草、万年青等。

器物：如意、铜钱、元宝、毛笔、冠、磬、戟、花瓶、百结、绣球、房屋及寺庙模型。

瑞祥类：龙、凤凰、麒麟、吼天狗等。

神仙：寿星、八仙和钟馗等。

符号：万、寿、福、禄、双喜、方胜、太极、八卦等。

然而，大门是相对独立的部分，常言说川人爱门面，住宅首先是门。不少人家即使不是官员也要放大尺寸做一个气派的官式大门，更不用说庄园府第了。临江河溪流的人家尤喜做八字门。其实八字门源自半边八字斜开门，原因在一个"财"字，水同金，把门斜开对着上游，钱财如水被挡截流入宅中。但半边八字不好看不说，还流去损失了一半钱财。于是才有了万无一失的八字双斜开门，"八"又谐"发"音，两全其美了。

把门斜开，又八字门等，刘致平认为，还是"僭纵逾制"。当然不仅如此，可能还是与"天高皇帝远"，四川相对独立的地理、人文环境有关。

大门功能首先是保证安全，要调动能制服妖魔鬼怪的神和兽与其战斗。它的装饰第一是门神，四川梁平、绵阳、夹江等地的年画，里面所绘的秦叔宝、尉迟恭两将至少把守四川各家大门几百年，还有泰山石敢当、吞口、镇宅石、石狮之类，至今仍保留的只有春联之类的桃符了。

最后还有一个"喜"字，往往是"福、禄、寿、喜"不可缺失，或作为传统住宅过分严肃的调剂。但"喜"和住宅求静的境界冲突。所以，府第、庄园多把关于"喜"的空间，诸如园林、花厅、戏台、亭榭等放在边缘地方，不过装饰内容区别就大了。四川"喜"的特色表现为川戏折子戏、民间谐说等方面，如三英战吕布、桃园三结义、喜鹊闹梅、狮子滚绣球之类。

以上材质与形式，无非砖雕、木刻、石刻、灰塑、彩绘几大项，尤砖雕、木刻、石刻有专门的作坊、门市。灰塑、彩绘有市场，建筑装饰市场相当发达，甚至于有专做草房装饰的盖匠，其屋顶、屋脊、檐口装饰就用草做，堪称一绝。当然，庄园是很少有草房的。

桅 杆

有的府第、庄园大门前，或阴宅前，一直到民国年间都还保留石制的华表。四川俗称"桅杆"，因其貌似帆船桅杆。目前保存完好者只有郫县安靖的邓翰林桅杆了。

邓翰林桅杆立于清道光丙午年（1846年），桅杆红砂石制，为单斗双桅杆，比例尺度非常大气又不乏精美，至今未风化，是正宗的清翰林层级功名象征，类似于胸前勋章。但又出现这样一些问题：是所有文武百官、功成名就者宅前都要建桅杆吗？分不分级别？桅杆的高低、粗细、花纹图案、材质等怎样确定？大门前的点位怎么表达认定？遇到这样的问题，一片迷茫，于是对尚存的桅杆进行实测是解决部分问题的办法，郫县邓家桅杆概况如下：

庄园大门中心点到两桅杆之间中心点的距离为6丈——开门顺。

庄园大门中心点到两桅杆基座边缘点的距离为8丈——出门发。

两桅杆之间的距离为9丈——保永久。

桅杆通高4.8丈——世代发。

以上出现的一组数字和谐音及期盼，基本上涵括了清以来川中住宅包括庄园常用的尺度，即6、8、9尾数。而严密者又把此数和"福、禄、寿"所据的空间相联系，比如大门（福）宽1丈零6寸，中厅门（禄）1丈零8寸，堂屋门（寿）1丈4尺9寸等，甚至有的把各开间也纳入一起，注入6、8、9尾数。

桅杆表达的尺寸是一组整数，并构成一宅大门吉祥的数字文化，可见当时6、8、9三数在空间营造上的非凡作用。笔者在上千例各式乡土建筑调研中屡试不爽，亦可见迷信的魔力和穷困社会的无奈。

至于阴宅前立桅杆，也是清代的普遍现象，有把生前的庄园缩小成石雕想带去阴间的，也有想在阴间去获取功名的，等等，都是民间谐说，不要当真。

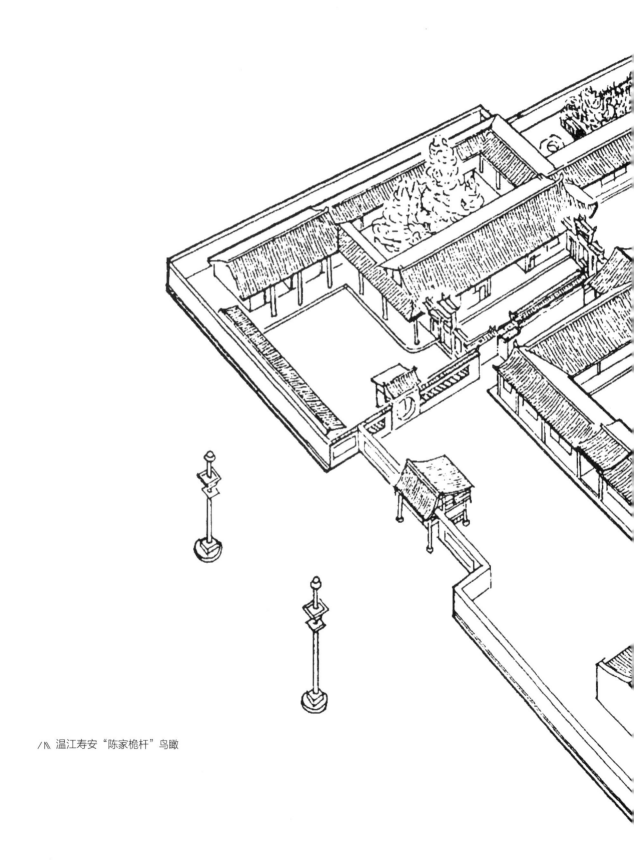

八 温江寿安"陈家桅杆"鸟瞰

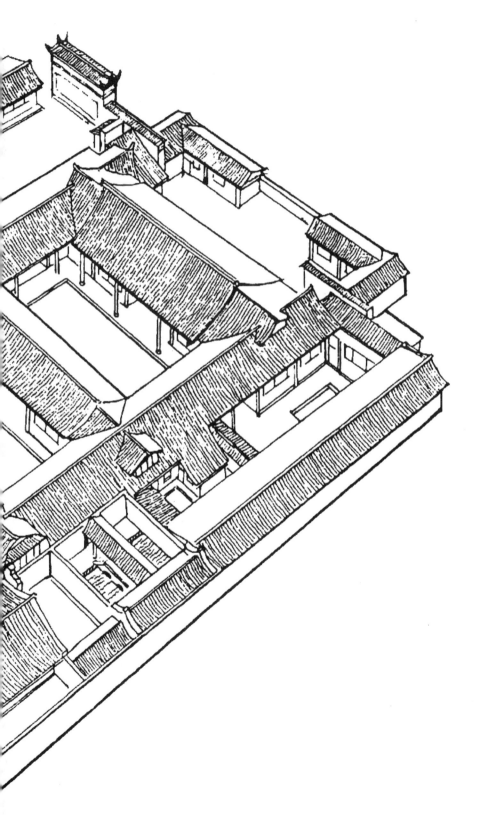

关于聚落

概　说

　　2015 年春节期间，中央电视台播出百集（实际只播出 60 集）《记住乡愁》电视片，核心空间内容就是聚落，即村落、村庄。里面涉及四川（川渝分家前）汉族聚居区内的传统聚落有两例：一是江津市 [①] 中山镇，二是绵竹年画村。前者属典型的清代四川带状滨水场镇，原名"三合场"；后者是"5·12"汶川大地震灾后重建的集中居住村，与血缘关系无关之例。两者都不是传统自然村落。这不能怪中央电视台，因为四川汉族地区没有类似全国其他地区的村落，而只有场镇聚落。

　　传统自然聚落是以一族或多族血缘关系为纽带的空间组合，场镇聚落则是地缘（移民）、志缘（行业）、血缘（个别家族）等多重关系组合的空间化。两者空间形态最大的不同点在于：前者组合自然，与大地肌理同构，不少以宗祠为中心组团等；后者以街道为轴线串起上述所有空间关系组合。一般而言，前者属于家族或宗族性质，后者是社会性质，在本书关于散居的章节中都作了探讨。下面，我们将场镇聚落的空间发生发展作粗线条式的描述与探讨，线条的轨迹是：

　　三五家幺店子—水旱两路节点聚落—带状场镇聚落—网状场镇聚落—特

---

① 今重庆市江津区。——编者注

定物象场镇聚落—首场与县治所在镇。

上述的关键词是场镇，这个词过去又叫乡场，清末简阳人傅崇矩著有《成都通览》一书，中有"成都县之乡场""华阳县之乡场"，列举了若干至今已成现代市井的场镇。由此可见，"场镇"一词是由"乡场"慢慢演变而来的，说明事物是发展的、动态的。不过其中的"乡"与"场"者，道明了"场"是处于"乡"间，即"场"是为"乡"服务的一个场合与场所、一种空间形态。它的普遍存在，是县城所在镇以下的一个层级规模。作为建筑，再往下就是散居的农户了。

三五家幺店子

四川方言中"幺"是"小"或"最后"的意思，放在对建筑聚落的规模表达上，指大路边做生意或半农半商人家一种小型的店子组合。这些人家少则三五户，多则十几户，针对的消费对象一是徒步时代的过路客，二是本地周围的农民。

这是和单家独户散居完全不同的空间存在状态。哪怕只有一家，也是冲着经商而来的。前提是，这里必须是人流不衰的合适地方，比如山坡与浅丘的垭口、山区一块稍富余的平地、城市边缘的山峦山麓……有一株大树、一丛修竹、一块巨石、一泓流水更好。点缀一些外观优雅的东西于其中，以吸引客人稍憩一会儿，不就有生意了吗？

这些人家房子，开头都在道路两旁建得简易，具有一定的试探性，以降低成本，待人流量大了，赚了钱再培修或重建。所以，幺店子开头不少就是茅草棚子，若人流少或选址不合适，也就消失了。反之，有生意，来建房子经商的也就多起来，说不定就变成有场期的场镇。如合江福宝场，乾隆年间为一老太太在山头上卖凉水和生红薯的铺子，路人多起来，咸丰、同治时期就成大镇了。

四川话中的"店子"就是商店、商铺的意思，同时也有把店子说成铺子的。幺店子的主人以当地的农民为多，原因也是试探性的半农半商。又由于四川农村"五方杂处"，各省移民互相混居，又制约了幺店子这种聚居形式，不可能仅凭一两家的血缘纽带就发展壮大为家族聚落。因为幺店子是商业因素构成的，它的本质是市场，基因是竞争。它对血缘关系是排斥的，所以，它的聚居形式必然是有商铺的街道。一开始必然就是店子，哪怕是最小的店子和最小的聚落。当然，这里不排除若干年后发展成场镇，某姓人占据了半条街、一段巷的情况，也因此有某些姓成为场铺名称者，如马家场、白家场等。所以，后来的不少场镇也有一定的血缘因素在内，即是此理。如巫山大昌温姓和兰姓，各占一段街道便是，但总体来看这个量很少。

随着人口增加，经济发展，交通日渐繁忙，幺店子不断变化，有的向各种规模的场镇演进，新的幺店子必然又将出现。《四川清代史》估计，清代 300 年四川场镇数量已达 4000 多个。可想而知，幺店子的数量应该远在其上。

徒步时代交通线上的幺店子，作为场镇聚落发生的胚胎、一种商业聚落的起始、城镇的原点、动态的可生长与消失的空间组合体，其中可生长者多半含有为周边农业服务的因素，消失者多半为纯交通因素。就是说，一旦路上过客稀少，幺店子就会衰落。

幺店子建筑一开始组合，就必然摆在道路两旁，夹行人于其间。这是四川聚落和其他地区聚落空间的区别，它受制于道路交通，与其共存共荣，道路就是它的血脉、生命线。因此，与风水兴镇是没有联系的。它的建筑就具有临时性，开始是草棚、竹棚，而后是草房、竹编夹泥墙，有点积蓄了再小青瓦、穿斗房架、四壁木板墙。自然，少竹木的地区就多夯土或土坯砖墙，或石砌墙。

四川凡城镇之间，与省外、民族地区之间的大小道路旁，密布着万千幺店子。千百年来，它们默默地为路人服务，我们不能忘记它们。

水旱两路节点聚落

聚落因人而生成，为联系聚落与城镇而产生道路。古代以徒步和水上交通为主，称为旱路与水路。其中旱路以产粮区构成的聚落联系密度最大。这就是另外一类幺店子，兼具交通与农业性质的幺店聚落。

这种幺店子不同于纯交通因素的幺店子之处，是选址多了一层为农业服务的总体打算，同时它又在交通要道上。这就必然导致选址思维的周密性和实施的可行性等，比如，天灾人祸的设防性，与同类聚落和城镇的空间距离，周围农村散户的多少，选址与用水、薪炭的关系等。在四川很少见族群的排他性，这也是散居带来的聚集后正效应。

综上因素，在和环境的协调性上，也许幺店子初始时有人考虑到了，也许是与生俱来的自然利用与和谐意识，比如依山傍水、道路交叉、两水相交、丘陵"凹"处、大山"凸"处、桥头津渡等。这样的选址是一种经验的总结，是人类生存环境优质化的选择，也许风水学说就是因此得到启发的，而事实上的风水选址又与上述特点何其相似。调研的结果表明，具有严谨规划意识的幺店子是罕见的，早期就有风水构思是不存在的。这也是构成四川人方位意识差，不像北方人动辄言道东南西北，而多利用参照物或距离来描述的原因之一。

那么水路呢？

四川百分之九十五的城市与场镇都靠水，但靠水不等于能行船，能形成水路。所谓水路就是以船为主工具的水上交通。它的聚落产生和港口、码头有密切关系，而不少场镇的前身正是三五家幺店子的港口和码头，俗称水幺店。

川江水系是一个庞大的交通网络，涉长江、乌江、嘉陵江、沱江、岷江、赤水河、金沙江等及其他可通船的支流。几千年来，在河岸兴起了不计其数的与水上交通、水上营生相关的人家，或独户散居，或几家人相聚而居，渐渐出现了一些带规律性的现象。其中最突出的是：这些人家都选址在两条水流相交的三角地带。如果再放大看，那些场镇、城市几乎也是两水相交的地方。河流大行船多则城市大，反之则是场镇，更微小就是幺店子或独户人家了。

然而，川江又分东、西、南、北岸，更分上游与下游，那么，何处是居住的最佳地点呢？调查和资料表明，恐怕和选址点纵深之地的农业发达与否有关，和物资、商品交易的数量有关。显然，这就排除了选址的风水术在前的规划说，也就成全了诸如阆中无两水相交，利用河湾曲流建城的风水说。此实在是不多的奇例。

河岸三五家的幺店子选址除了尽量寻觅两水相交地带，哪怕支流是一条冲沟之地也好，对其他因素都没有刚性要求。为什么？因为两水相交的水湾已形成停泊船只的码头，洪水时可退泊支流内，饮用水可多一条选择等，哪怕是原生态式的港湾。而岸上人家大都与航运有关，或船工、小老板、修船工、渔家、半船半农者、贩运商、客运短途商、递飘船主（摆渡）等。两水相交之地航运不错，纵深之地农业也兴盛，三五家幺店聚落就会壮大，变成场镇聚落。

综上，水旱两路构成的庞大网络，犹如四川身躯的血脉和经络，最终汇集形成两大中心城市，即成都和重庆。在其之下的是乐山、宜宾、泸州、涪陵、万州、南充、绵阳等中等城市。接下来就是县城，再往下走便是和幺店子有关的场镇，总体都是围绕两大中心转。

幺店子是脱离散居后最小、最简单的聚落，它是靠水旱两路血管供给营养而壮大的。但是作为聚落，它也许没有常见的成熟聚落那样完整，但所有聚落开始时却必须三家两户在一起，以最小单位组合生长起来。

带状场镇聚落

前面讲了，幺店聚落的形成是在街道与房屋之间，先有作为交通的道路，后有幺店子，有幺店子的那一段就成了街道。当经济越来越发达，人口越来越多后，人们来到道路两旁，紧邻前店子左右建店。于是这样的街道，即带状街道，成为场镇后，即为带状场镇聚落。

带状场镇，可以分为有赶场期和无赶场期、每天都是赶场期（又称百日场）三类。有赶场期是指有固定时间赶场，如一、四、七日，二、五、八日，三、六、九日为固定赶场日，即普通的三日一场；无赶场期是指还没有达到可以赶场的条件者；每天都是赶场期是指场镇规模大，流动人口多，天天都赶场者。其中：

有赶场期的占川中场镇绝大多数。

无赶场期的较少，因为还有幺店子韵味，如成都茶店子、重庆高店子、自贡汇柴口。

每天都是赶场期的较少，如梁平屏锦铺、石柱西沱、开江普安等。

以上三类是变化的、相互转换的，是一个时空动态体，内因较复杂，不可一言蔽之。总体是在不断增加，消亡者占少数。

带状形态和水岸平行，在平坝、山间穿行，受到地形和环境影响，呈现出千姿百态的空间韵味：或随河岸弯曲而弯曲，或因江岸陡峭而垂直，或随坡地而起伏，或笔直而坦荡。数千川中带状场镇无一空间是雷同的。

于是我们看随河岸弯曲而弯曲者：自长江三峡巫山大溪、忠县洋渡到金沙江屏山新市镇，千里长江岸，大部城镇皆此状。又看因江岸陡峭而垂直者：从长江三峡石柱西沱江到津塘河，其形态也为数不少。再看随坡地而起伏者：长江支流塘河上游合江福宝，街道随山头一起一伏，导致建筑垒建于山头，成为奇观。至于平坝街道较平直者，更是常态：成都平原量大质优，如都江堰聚源、金牛土桥、梁平平原屏锦铺等。当然，带状远不止如此。所谓带状，只是叙述简洁化的一种表达，而一条街似的带状是丰富无比的，只能是具体场镇具体分析，但万变不离其宗，总是以街道为纽带、为轴线、为市场凝聚着一方人心，并形成磁场似的辐射面，构成中心聚落。显然，这就和以家族血缘为纽带的自然聚落是两回事了。

四川这个移民省份特有的全覆盖式的场镇聚落，如何体现移民色彩，尤其是带状场镇？当然，首先就是会馆，会馆是公共性质，在成都平原场镇中比例很大。那么，它该怎样建？我们举龙泉驿洛带为例。

洛带古称"甑子场"，是一个平直形典型带状场镇，全长约1100米，中有湖广、广东、江西三省会馆各一座。其中湖广会馆摆在东西向街道中段的北面，呈坐北朝南方位。广东会馆、江西会馆摆在街道东段的南面，虽然也坐北朝南，但是，会馆后立面面对街道，而不是像湖广会馆是正立面面对街道。于是广东会馆只有另开侧门，江西会馆甚至侧门另开一条街以便进出，为的是会馆不能坐南朝北，而有违以北为尊的宗旨。上述是想说东西向带状街道会出现一些建筑朝向的尴尬局面，由此类推南北向街道的公共建筑又该怎样处理朝向呢？这个问题很普遍，在四川乱了朝向者不在少数。所以，为了坚持以北为尊的宗旨，不少带状场镇把公共建筑建在了街道以外的地方。

以上分析展示了带状场镇聚落以移民为主体、以会馆为中心的地缘人口结构，又揭示了一个地方移民在一个场镇人口结构上的局限性，但又表现出它的选择性，即四川省这样的格局普遍性以及由此形成的有限生态性。

又如最先进入者的建筑高度以临街屋脊为准，后来者在其左右之屋脊必须矮于前者，并依次传递下去。到了一定数量，可以重新树立新高度。于是就和前者在山墙处隔开，形成宽窄不同的距离，这就是所谓的火巷、尿巷等与街道内外联系的通道，也同时把带状街道两列民居分成了段带。这些巷子也就兼具了消防、交通、积肥（设置尿桶）功能。

带状场镇也许是真正产生前店后宅等式的开始，因为只有成非农业人口，有一定积累后，才敢涉及街道民居的文化。其中重中之重是祖堂该设在什么地方。显然，这又涉及下房即前店的开间宽窄度和多少间。诚然，三开间下房最标准，不仅有了临街铺面，后面亦可形成三间上房，亦构成中轴线及祖堂，而且在上、下的屋面上形成统一三开间的单元宽度，适成脊饰及与邻居清晰的界面。于是，带状两列街道高低错落的屋面形成，内因如上述。

那么，只有二开间，甚至一个开间的店铺，它们又如何解决前店后宅，解决祖堂、天井、作坊呢？这是一个浩瀚的空间秘境，有巨量的多变空间图式。发展到清末，仅进深，不少单开间动辄就是四五十米，甚至八九十米者，而开间宽最多不过5米。可见空间掘进之玄妙，其各类图式不是本文能说清楚的。

带状场镇基本形态大部分是开始又是结局，这状态延至清末，只是变长了。其中行业志缘性的祠庙、血缘性的祠堂、宗教性的寺观也时有进入。街上没地盘了，又得通过巷子建在场镇外。后来戏剧发达了，要建公共戏楼于街中，又出现了戏坝子之类，但不影响带状的基本形态。

奇怪的是，不管人有多发财，数千川中场镇，没有发现一处民居类的庄园建在街上，但不少庄园有店铺、房产在场镇上。

带状场镇发展几百年，没有明确的空间信息判断哪些是明代或以前的。资料、文献、现场表明，现有场镇基本上是清代以来的，其中大部分又是明末农民起义军将领张献忠毁灭老场镇后的重建。那么可以推测，清以前仍可能是带状场镇占多数。

带状场镇发展到清末，有的向左右两侧延伸，形成街道，进而形成环线，构成网络；有的继续向前后延伸，于是街道越来越长，如梁平屏锦铺前后延伸到2.5千米，均充分展现了通过型街道的空间特征，是带状街道及空间不同形态的纵深发展，也是同时期带状场镇发展的极致，因而成为一县首屈一指之场，俗称首场，成为享誉一方的大镇。

带状场镇形态的塑造和形态亦不影响业态与文态的发展。由于通过型的街道空间特点，川西一些带状小场镇成了茶马古道上的藏茶集散地。

据清末傅崇矩《成都通览》言：当时华阳县的中和场、中兴场还生产辫子，太平场产烟土、窑器。临近彝区的屏山县新市镇还形成专做彝族衣服的蛮衣市街。梁平县年画所用色纸产地后来也形成袁坝驿场镇一条街。还有雨伞、扇子、草帽，甚至专卖猪内脏的露水场——天亮前就完成交易等特色业态，它们随着经济的发展，就在带状场镇应运而生。问题是，带状形态的包容性并没有因此而发生街道空间、建筑空间质的变化，而看重的是这种街道的方便性、市场和道路的一致性、行商和坐商的协调性、通过和停顿的节奏性。这可能是此类形态千年无大变，能够生存下去的内在原因。

网状场镇聚落

此类场镇形成的基础，有可能是带状及"T"字形等道路的铺垫发展形式，它们都是一些大、中型的场镇聚落，街道较多，长短不一，宽窄有别，但都有明显的主干街道。如果此聚落生在江河岸，很可能主干道就在与其平行的河岸上，那么，网状就可能是从带状场镇发展而来的。当然，这不是绝对的。

网状场镇有两大特征：一是有一条主干道形成的环线街道，环线不论长短、大小、形状，均是聚落的骨干街道空间的基础结构，它同时又延伸出多条街巷；二是场镇没有正方位的南北或东西轴，街道是一种受制于地形、江河、交通等方面的肌理性构成。比如长江岸边的合江白沙场及重庆巴南区鱼洞场、岷江岸青神汉阳场。白沙场在一支流与长江交汇的三角坡地上组团，回旋余地小，自然约束了环线的展开。环线虽小，却有效地联系多个水路岸口，起中心枢纽作用，达到了能量组织输送的空间功能的协调，于是环线形态就很随意了。其中街道是多石阶的起伏状，是一种险中求平衡发展的聚落模式。后者汉阳场选地在岷江岸一冲击平坝上，街道呈方形环绕一圈，虽然平直成方形，但没准确方位的东西南北方向街道。此正是自然聚落元素在场镇中的反映，但没有干扰到街道环线的形成。说到底，上述无非带状型的深化。

至于"T"字形，即三岔路口，若要形成网状场镇，则机缘就更大。"T"字形有直角、锐角、钝角多形。场镇经济一旦发展，联系三角的网状道路就会出现，以维系道路的节点位置。这在平原、平坝上的场镇表现得突出。

当然，网状形态或网状道路远不止环线。比如巫山大昌内部"T"字形街道亦无环线，但整体外围有城墙围合，圆形的场镇界面虽然不是街道，也没有绕场镇一周的道路，但呈现了形态上的环状整体格局。

除了"T"字形，更多而丰富的环线格局场镇在四川比比皆是。如环线不一定全是两列有街房的民居店铺，也有没街道店铺但一定有道路联系两头街口形成环线者。如邛崃平乐一段河岸道路没有店铺，但起到了串起两头八店街和禹王街的作用，从而形成人流环线。再如大邑新场一段巷子，一段修竹下的幽径串起场镇间的几条街道，从而形成环线。我们把街道比喻成"实"，把没有街道的道路比喻成"虚"，此正是虚实相生的传统文化在处理场镇问题上的空间注脚。据说在处理这些"虚"空间时，不少正是本地乡贤的主张。它与现代规划思维完全无关，是从人居环境的诗情画意的角度来理解乡土空间建设，从而营造环线。

环线成网状，除上述道路关系、商业关系等因素外，是否有风水因素或者环线形成后风水的附会阐释？这里有一个比较：江河岸带状街道朝上游街口必须敞开，不能封闭、转弯。那么，如水的钱财径直流向街道后，因其呈带状，往往前面从上游进来，后面就从下游街口流走跑掉了。意思是说带状街守不住财，是一种"扫把街"，不聚财。带状街的措施是在下游街口即下场口，将街道变弯扭曲，以意会将流水般的钱财挡在街中。但这种形态太过牵强附会，自我安慰、自娱自乐成分重，因此环线街道应运而生了。

环线街道视消费如水流，同时和风水五行中"水"对位。街道空间塑造的目的，就在于控制人流方向，让其在街道中循环或转一圈，不走回头路，从而达到空间对于时间的优化。但这对于以山地、丘陵地形为主的四川来说，以及方方面面的因素综合而论，环线街道受制面太多。因此，注定它的数量不可能太多。

最后，环线成为圆形，百姓就俗称"磨子场"，如成都龙泉驿柏合场等。意思是磨子常转动，钱财就如推磨一般，流不完。于是，这又成了和某些特定物象相谐并论的幽默，如果此类谐比多了，也就升华为文化形态。

特定物象场镇聚落

事物发展的基本规律之一是：数量产生质量。四川古场镇有 4000 多个，该如何看待和寻觅它们的数质关系及相关的优秀场镇，以及什么才是优秀场镇？

众所周知，聚落都是农业时代产物，产生它的儒文化全面地影响着聚落的生成与发展，无论聚落是自然形态还是街道形态，都会通过意识形态和物质形态表现出来。意识形态中认为血缘血亲最重要，于是产生自然聚落，亦通过宗祠控制聚落的发展。在发展过程中，有的不满意纯自然状态的生成模式，引进诸如"文房四宝""二十八宿""北斗七星"等特定物态，亦应物象形去规划、塑造、臆会自然聚落这一物质形态，出现了很有文化内涵的空间模式，有力地代表了它们在世界自然聚落中的突出地位。这正是从千万大数据中产生出来的聚落典范，一种最有中国特色的聚落物质形态，是自然聚落的最高境界。

四川汉族聚落区域是街道形态的场镇聚落，它庞大的数量又该如何体现数质哲学中的质量关系？

首先还得看背景。和自然聚落不同的是，它不是血缘关系，而是由各省人构成的地缘移民关系，因而表现出来的聚落形式是场镇，一种有街道的聚落形态，是以会馆控制移民的制约形式。那么，一个场镇各省移民都有，不免常有争论，为了加强团结、减少摩擦，各省移民都在寻觅一种解决方式。诸多方式中，都是调解的语言实践模式，缺少有形有物的永久性的空间物质形式。

四川茶馆多，有人认为茶馆是解决移民争论最早的空间场合，所谓"吃讲茶"就是聚众喝茶评理的形式，输家出茶钱。久而久之，这种形式的空间就固定下来，直到现在农村人吵架，还在说"到茶馆评理"。不过茶馆再美也无非一两间房子而已，不能长效地、委婉地告诫诸移民亲善之为。于是一种诉诸场镇整体形态的探索空间形态开始出现，那就是船形。

何以要船形，或以船形为最佳移民场镇聚落表现形式？显然，在大海或江河行船，同舟共济为最高宗旨，任何节外生枝、各行其是都会导致船毁人亡。同居一场如同乘一舟，和能生财是要义。

以"船"为特定物象的场镇聚落出现，有大同小异的多种形态。有场镇建筑整体呈椭圆形，亦有外围界面构成两头小、中间宽者，是以深灰色瓦面为特色的船形场镇。有带状街道一分为二，后又合二为一，中间形成一组椭圆形建筑物，以街道围合环线为界面特色的船形场镇者。最有特色的是利用檐廊围合成船形者，如下述两例：

一个在川东嘉陵江支流渠江旁之广安肖溪场，一个在川西犍为县北之山顶谓罗城。两场镇共同点是：街道民居通过檐廊组成椭圆形围合，留下两头街口后，出现了一个船形外轮廓似的天井开敞空间。整体构成了开敞坝子、半开敞檐廊、封闭店铺的系列空间程序。由此完成了一个文化形态的塑造。为了进一步强化"船"的形象和理念，罗城船形还在天井坝子三分之二处建戏楼一座，并于戏楼背后建石牌坊，同时留楹联于柱上，二者前后呼应，配合船形共同教化民众同舟共济之大义。加之"船"在无水之山顶处，"同舟"之各省移民尤需倍加珍爱相互之友情。故乡民言必称罗城为"山顶一只船"，意在表达一种认同，一种亲近，一种护佑，一种乡情。

显然，它还产生辐射教化效应，犍为县南部铁炉场地处沐川河岸，认为建一只"船"在河岸更优于山顶，也仿罗城复制了一船形场镇。当然，效应重点应在"同舟共济"的内涵意义上。这一点在该县城乡有口皆碑。

建筑大师徐尚志提出建筑创作需注意"此时、此地、此事"理论，核心是创造本民族自己的建筑和文化。罗城、肖溪之类船形街为本地乡土匠、士绅共建，理当与徐大师不谋而合，都是在追求一种有深厚文化底蕴和内涵的空间创造，而不是一个低能的物质打造匠作。

除了上述船形场镇，还有梯形、磨子形、龙形等场镇分布省内各地。其文化内涵各有喻比对象。比如梯形，指垂直于等高线的场镇街道，竖向斜顺着山脊往上爬，犹如登天云梯一般，如石柱西沱、江津塘河、达县石梯等，特征都是陡山江边码头，是一种地形决定形态走向从而附生喻比的文化现象。虽然事先没有对场镇街道进行规划，但事后产生的空间效果，群众报以极具美学的谐比，称之为"云梯街"。它深刻反映了四川社会乐天的民间世风。显然，这是场镇特殊形态发酵出来的文化魅力。尤其是像长江岸西沱镇长达2.5千米的云梯街，若放在聚落概念里深究和比较，当之无愧是世界之唯一。

还有磨子场、龙形场，前者以近圆形街道而像石磨，后者以街道呈"S"形如同龙身。前者可能有设计意念，目的是将人流控制在消费通道中，使其轮回，社会皆称商家如推磨，流不完的钱财，有一种夹杂幽默情绪的谐趣于其中。后者认为街道婉转如龙形，也自称龙街，当然街民就是真正"龙的传人"了，这也是一种自娱自乐、自尊自信的民间气质在场镇聚落中的空间表现。

四川场镇聚落别开生面的区域独特性，是中国人文地理的有机分布地区之一，它和其他地区，包括少数民族地区自然聚落，共同构成聚落概念，都谓人类聚居的地方，因此，内部必有相通的共性与个性。如自然聚落中，有以文房四宝的纸、笔、墨、砚形象去布局者。与其相谐并行的场镇聚落，则用船的形象去塑造格局。一个在东南，一个在西南，殊途同归也，却都力图通过一种载体去传播儒文化，从而达到和谐目的。究其思想基础，仍是仁、义、礼、智、信的儒风，这是很值得深思的。

聚落万万千千，上述自然聚落与场镇聚落典型理当是聚落的最高境界，也是聚落创造活动中群众智慧的结晶。它有着大数量普通聚落的铺垫，是数质关系金字塔的顶端。

首场与县治所在镇

一个县城，场镇或多或少在规模上都有区别。群众对这种区别编有口诀，比如大邑就有"一新场，二安仁，三白头"之说，那么新场就是民间所说的大邑首场，即首席之场镇，县域最大场镇之聚落。

首场属综合型场镇，既是农业中心，也是交通中心，其中偏重农业为多。说明水运发达的时代，农业仍是支撑国民经济发展的基础，它自然会反映在场镇规模上。

这类聚落形态，既有网络状，也有带状，前者为多，后者少一些。这主要由于交通因素，如梁平屏锦，它是梁平去重庆及沿途诸县的首站，人与物流量很大，因此街道越拉越长，号称五里。而网络状聚落偏重聚散镇与乡之间人与物的流量组织，面向四面八方，必然会在街道空间上发生延伸和生长。

首场无论多大规模，它都不能跳出场镇聚落这一类型概念和特征，即它的空间结构有一定的随意性。比较县治所在地的镇而言，县治镇表现出有一定的规划性。一个随意,一个有一定规划,这就是四川场镇聚落和县治镇的空间区别,而不论场镇规模有多大。

区别最大的,就是有没有正方位的南北轴线与东西轴线街道的交叉,这亦构成公共建筑与民居的基本分区。显然,场镇聚落是没有的,由此构成了它的随意的聚落性。而县治镇,凡古典有地形条件者,几乎都会追求南北与东西轴线街道的交叉。这也是空间宏观结构的区别,以示层级的不同。因此,凡衙署、会馆、寺观等公共建筑都摆在东西轴线街道之北,以维系所有公共建筑的坐北朝南方位。而居民的空间选择就大多了。

有的首场也在追求公共建筑的统一坐北朝南方位,从而建了一条东西向街道。如巫山首场大昌,笔者经查阅资料,发现它原来也是县治镇,在清代撤销。所以,古代四川城镇与乡场(场镇)在空间设置上,或许有相当严格的约制,虽然无法在文字上找到出处。可以推测仍是秦统一巴蜀、推行散居的同时,也实行县治所在城镇的里坊制度,以便于管理,比如阆中等县。于是,具有便于管理等优势的南北—东西向街道格局开始出现。通过这种方式,中原居住文化及城镇文化通过秦统一巴蜀才会全覆盖所辖区域,而不仅仅是散居而已。而场镇只是"乡场"、聚落,是没有建制级别的。

综上,我们才找到了四川省省会成都,这个天府之国的中心城邑在城市格局上"仿学咸阳"的基层城乡空间铺垫。同时,笔者又找到了县城最先格局成形的城镇。因为,秦统一巴蜀后,最先修建了成都、郫、邛三城。除成都外,具有南北—东西轴线的郫、邛二城古代格局,一直保存到现在,亦深刻影响全川县城格局。整体而论,秦统一巴蜀后,带来的是一整套人居制度,形成了散居—场镇—县城—中心城邑这样一条空间发展轨迹。虽然其中每个环节又有自己的系统逻辑,但总体不会偏离上述轨迹。

后　话

从散居到场镇再到县治镇,进而到成都、重庆两大中心城市,我们看到一条空间发展脉络。这条脉络自秦统一巴蜀以来,渐自形成了有别于其他地域的空间文化，并构成了巴蜀文化一个重要侧面。于是经30年考察和有限资料互证，拖出了一条"散居……场镇聚落"的空间走向粗线条。

四川毕竟在偏远的西部盆地，偏安一隅的自由富足生活又碰上了秦皇的"人大分家"妙旨。每当场镇赶场，挤得水泄不通时，发现散居的清冷偏远。这里的人们需要一种空间让他们欢乐、聚集，毕竟他们都是操着南腔北调的各省移民，他们需要交往，需要……太多太多。

无形中，移民性格就反映到了散居、聚落的空间营造上，以及规模的递进与文化上。既然事情发生在盆地内，周高中低的地形不易流走，那就在盆中发酵吧！于是也就有了形形色色、大大小小的散居的民居及场镇聚落。所以，散居与聚落是一组非常复杂的物质与文化现象。同时，它又影响到周边省区的一些地区。

要研究散居与聚落，需研究的方方面面太多，本文仅一孔之见。

后　记

　　回顾乡土建筑研究，选择部分文论辑集最佳。不管什么方法论的文章，建筑学的、历史学的、考古学的、民俗学的、心理学的、美学的……此般念头一动，立刻浮现一群学人的身影，那就是与这些文章相关的老师和同学们，是他们始终和我一起考察、一起调研、一起颠沛、一起流离，并逐渐形成一个松散且罕见的学术团队。如此，集中调研的有：

　　羌族村寨与民居：有张若愚、任文跃、周登高、秦兵等十多位同学；

　　三峡场镇：有陈颖、王梅、钟健、魏力、张若愚等十多位师生；

　　成都古镇：有陈颖、熊瑛、王梅、傅娅、王晓南等多位老师；

　　安顺、赤水河聚落民居：有佘龙、张赟赟、王奕等多位同学；

　　腾冲和顺聚落：有张若愚、周穗如、周亚非等多位同学。

　　还有常态性的单项测绘、调研，如宽窄巷子、邱家祠堂、大慈寺片区、若干成都市域民居、省内若干古镇与民居等。

　　所以，我所谓的作品，应是众人共举之作，或者，至少调研的空间与时间此时正一滴一滴、无声无影地渗透进他们的教学和设计之中，或称为一生中、一段生命的低碳过程中，或谓之深度旅游，皆是一派生存的旷达与潇洒。

　　最后，尤为值得一赞的是，王梅教授、熊瑛教授的研究生们，以及正在意大利读博士的林茂同学，为本书付出劳动与智慧。编辑之辛，最后成勋。

季富政

2017 年农历九月九重阳节